▲ 2010年6月22日玛丽亚·巴蒂罗姆在《纽约论坛》上采访新闻集团总裁兼CEO鲁伯特·默多克。
▼ 2010年6月22日，玛丽亚·巴蒂罗姆与凯瑟琳·布莱克、鲁伯特·默多克、杰瑞·斯贝尔、菲利普·加缪合影。

▲ 2010年5月1日玛丽亚·巴蒂罗姆在华盛顿发布新书《金钱宝贝：持久成功的10大法则》（英文版）时与格林斯潘、安德烈亚·米切尔合影。

▼ 2010年5月1日，《金钱宝贝：持久成功的10大法则》（英文版）在华盛顿发布。

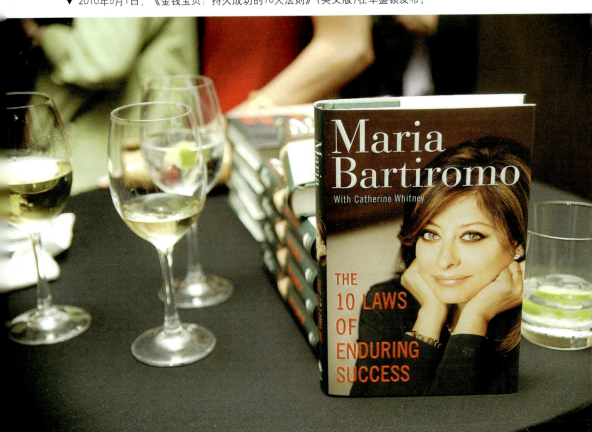

▲ 2010年4月26日，玛丽亚·巴蒂罗姆在梅肯研究院全球会议上采访阿斯利康制药公司全球总裁大卫·布伦南。

▼ 2009年6月5日，在《圣彼得堡经济论坛》上玛丽亚·巴蒂罗姆与日本前首相小泉纯一郎、德国前总理施罗德坐在一起。

▲ 2009年6月3日，俄罗斯总统梅德韦杰夫接受玛丽亚·巴蒂罗姆的专访。
▼ 2009年5月13日，玛丽亚·巴蒂罗姆与美国国务卿希拉里·克林顿以及剧作家约翰·帕特里克·斯坦利共同出席
2009年纽约大学学生毕业典礼。

在这个时候出一本有关成功的书合适吗？

玛丽亚·巴蒂罗姆坚信现在就是本书出版的最佳时机！

在时值牛市、市场一片大好的过去，有多少人春风得意，不可一世。他们有很好的工作、银行户头里有高额的存款、家庭美满、婚姻幸福，简直是人人羡慕的对象。然而残酷的事实是：他们在取得成功之后并未能保持成功。近些年来经济形势的风云变幻也让我们愈加体会到了成功的转瞬即逝。

然而，就在金融世界土崩瓦解之时，有趣的事情发生了。经历这场惊心动魄的危机后，许多人开始重新审视成功的内涵，更加灵活、更加深入地重新定义了成功。人们开始拷问自己的内心，提出一直以来都被忽视的问题：到底什么才是生命中真正重要的东西？究竟什么才是成功的基石？

凭借自己多年身处金融前沿的一线经验和深厚的专业背景以及个人解读，玛丽亚·巴蒂罗姆为我们重新定位成功的真谛——成功不仅仅是一个短期的任务，而且更应该是一份持久的，可以为之奋斗终身的追求。她探寻着一种新的成功模式：有没有一个无论顺境逆境、富贵与否，都可以为我们带来慰藉的新型成功模式呢？在当今阴晴莫测的经济气候中，这个问题似乎比任何时候都更具有现实意义。

那些对于成功至关重要但却又看不见、摸不着的隐性因素到底是什么？

哪些品质是头衔和名片反映不出的？

说得更现实一些，在遭到命运最无情的打击后，我们如何保持自己的成就？

跌倒了，我们还能不能再次站起来呢？

人人都想跟成功亲密接触，人人都想永远保持成功。但是，到底何为成功？怎样成功？怎样保持成功呢？

玛丽亚·巴蒂罗姆访遍了几乎所有当今世界上最为成功的显赫人士，如比尔·盖茨、戈尔迪·霍恩、杰克·韦尔奇等等。通过采访，她找到了以下问题的答案：

成功的秘诀是什么？

如何练就一身卓然超群的领导能力？

如何巩固自己的权力和领导？

阻碍成功的障碍有哪些？

持久成功的根基是什么？

谨以此书献给我的祖父卡麦·巴蒂罗姆。
1919 年，他怀揣着梦想，乘坐雷克斯号渡轮来到美国。
没有他，就没有我今天的成就。

shiwenbooks

金钱宝贝

Maria Bartiromo

持久成功的10大法则

THE 10 LAWS OF ENDURING SUCCESS

[美] 玛丽亚·巴蒂罗姆 凯瑟琳·惠特尼/著

张 旭 吴炳强/译

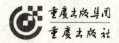
重庆出版集团
重庆出版社

□中国大陆中文简体字版出版 ⓒ 2010 重庆出版社
□全球中文简体字版版权为世文出版(中国)有限公司所有

版贸核渝字(2010)第 161 号

图书在版编目(CIP)数据

金钱宝贝 持久成功的 10 大法则/(美)巴蒂罗姆,惠特尼著;张旭,吴炳强译.
—重庆:重庆出版社,2010.9
书名原文:THE 10 LAWS OF ENDURING SUCCESS
ISBN 978-7-229-02928-9

Ⅰ.①金… Ⅱ.①巴… ②惠… ③张… ④吴… Ⅲ.①成功心理学–通俗读物
Ⅳ.①B848.4–49

中国版本图书馆 CIP 数据核字(2010)第 164259 号

金钱宝贝 持久成功的 10 大法则
JINQIAN BAOBEI CHIJIU CHENGGONG DE 10 DA FAZE
[美]玛丽亚·巴蒂罗姆 凯瑟琳·惠特尼/ 著
张 旭 吴炳强 /译

出 版 人:罗小卫
策 划:百世文库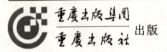
责任编辑:张立武 刘 翼
特约编辑:李明辉
责任校对:郑小石
封面设计:阿 元

重庆出版集团
重庆出版社 出版

(重庆长江二路 205 号)
三河市祥达印装厂 印刷
重庆出版集团图书发行有限公司 发行
邮购电话:010-84831086 84833410
E-MAIL:shiwenbooks@263.net
全国新华书店经销

开本:710mm×1000mm 1/16 印张:11 字数:124 千
ISBN 978-7-229-02928-9 2010 年 9 月第 1 版 2010 年 9 月第 1 次印刷
定价:33.80 元
(本书仅限在中国大陆销售!)

目　录

前　言

生于 9 月 11 日

重新定义成功

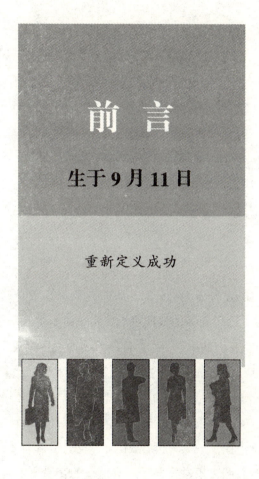

MARIA BARTIROMO

我生于 1967 年 9 月 11 日。从前，我总是很喜欢这个特别的生日：9-11。这个独特的日期曾给我带来过不少欢乐。从前生日快到的时候，我会经常拨通朋友们的电话，跟他们开玩笑地说："紧急情况，请速来参加我的生日聚会。"但是当真正的 9·11 发生后，这一切都变了。全世界永远都不会忘记那一天，而那一天又恰好是我 34 岁的生日。我早早地来到纽约证券交易所上班，原计划是为 CNBC(美国全国广播公司财经频道)做例行的每小时一次的市场快报。我的办公桌上摆了一大束鲜花，上面有我的编辑助手写给我的生日祝福。尽管那天早上艳阳高照，不过置身于鲜有窗户的交易所中还是难以欣赏到蓝天白云的美景。当第一架飞机撞上近在两个街区以外的世贸大楼的爆炸性新闻在电视屏幕上滚动播出时，我本人正在交易大厅楼上的一间小办公室里办公。此时，我 CNBC 的上司从新泽西总部打电话过来："赶快去撞机现场报道最新情况！"我即刻领命，起身夺门而出：一路从办公室向百老汇和华尔街的中间地带飞奔而去。事发地点双子塔就在两个街区之外，双子塔中的一幢已然冒起滚滚的浓烟，引得路上行人纷纷停下来抬头仰望。我走入围观的人群，开始报道我所看到的情况。我能感觉到自己的直觉也随着现场瞬息万变的气氛变得敏锐起来。

就在我驻足观望并通过手机发出报道的同时，突然间，又有一架飞机的影子迅速地掠过了我的头顶。说时迟,那时快,只见第二架飞机一头就栽进了世贸中心的第二个塔楼。和在场的每个人一样,我当时简直不敢相信我所看到的一切。人群中突然传出一声惨绝人寰的哀嚎,然后,只听到站在我旁边的一个男人哀声叹道:"世界要变了。"我转过身问他:"为什么?"然而在他开口之前,我已经猜到了答案:"这不是一起普通的航空事故,而是恐怖袭击。"

被撞之后的大厦不断地冒出滚滚的浓烟,而我就在浓烟笼罩的街上作电话报道。当第一个塔楼倒塌时,我身处华尔街和百老汇的交界处。坍塌掀起的尘烟四处弥漫,我四周的一切都蒙上了黑糊糊的粉尘。浓烟呛得我喘不过气来,狂风卷起的瓦砾一阵阵地打在我身上,我急忙用手护住了眼睛开始疯狂逃命。我担心证券交易所会成为下一个恐怖袭击的目标,所以没有跑回去。情急之下,我跑到了对街一栋楼的梯井里,距我藏身之处三个台阶之下的门厅里还躲着另外一小群避难的人。他们当中有一名妇女在撕心裂肺地嚎啕痛哭。当时我想:"我们不能惊慌失措。此时此刻需要的不是无谓的眼泪,而是宝贵的冷静。"于是,我走过去,用坚定的声音大声对她说:"请你冷静一下。你一定要冷静。"尽管当时第二座塔楼的倾塌引起了地面的剧烈晃动,但我对她的安慰还是让她冷静了下来。34 年中,我第一次意识到自己站在了生死边上,不知能否逃出劫难。

我们就这样一动不动地在那个梯井里度秒如年地躲着。20 分钟过去后,雷鸣般的轰轰声已渐渐从耳边淡去,突如其来的安静让人不寒而栗。我从楼梯走到了街上,身上落满了燃灰,黑漆皮的皮鞋已经变成白色,上面满是厚厚的灰尘。地上到处都是破碎的瓦砾,无数的纸灰在周围的上空悬浮。我跌跌撞撞地走到了马路对面的纽约证券交易所门口,门紧紧的关着。保安埃里克透过窗户仔细地打量我一番后,马上跑出来给我开门。他目不转睛地盯着我看,仿佛我是个鬼魂一样,然后冲我喊道:"玛丽亚,你呆在外面干什么?"说着他就一把抓住我的胳膊把我拉进了交易所里。

交易所里挤满了已经开始陆续离开的人群。他们与许多在城里上班的人一起形成了一条从曼哈顿东边开始陆续离开市中心的人流。我把身上的灰尘抖了抖,简单梳洗之后就开始做电视直播。那天剩下的时间里,我一直都呆在交易所里面进行连线报道。当时没有人知道接下来会发生什么,也没有人知道股票交易何时重启。虽然当时我们感到美国的国本正在动摇,但是灾难还是让我们异常清

醒地坚守在了当时的全球商业中心——现在的世贸中心遗址。我不愿去想象两个街区之外那惨绝人寰、血流成河的景象。

大约晚上 9 点的时候，跟我作了一整天新闻报道的同事鲍勃·皮萨尼陪我一起离开了交易所。救援人员工作时发出的灯光把街道照得灯火通明，我们走了将近两英里路去 14 街区搭乘地铁。地铁里虽然拥挤依旧，但人群中却几乎鸦雀无声。整座城市还未从惊恐中平复。等到推门进屋时，我才恍然大悟今天是我的生日。刚走进屋里，丈夫就过来抱住了我，我俩就这样一言不发地拥在了一起。虽然他可以通过我在电视里的报道画面得知我一直都很安全，但等亲眼见到我时，他还是显得非常的激动。

9 月 17 日，纽约证券交易所重新开市，所有的工作人员都和我一样，面对着新的"正常情况"：华尔街变得杂乱无章，总有一股腐臭的味道黏着在我们的衣服上，阵阵的恶臭扑鼻而来。那些天里，每次外出我都戴着警察提供的白色口罩。许多人当时都在考虑着离开纽约市。然而，纽约证券交易所重开的那个早上却振奋了所有人的心。早上，交易所里站满了人，在人群的欢呼声中，纽约州州长乔治·帕塔基、市长鲁迪·朱利安尼、纽约证券交易所首席执行官迪克·格拉索和一队消防官兵共同敲响了开市的钟声。整个世界都看到了：灾难击不垮我们，美国挺住了！

在接下来的几个月里，我有幸就 9·11 事件采访了许多人。在采访中，我的脑海里始终萦绕着一个信念"这就是我们国家的魂"。尽管这次沉痛的打击粉碎了我们以往的民族形象，但最终，我们还是像凤凰涅槃一样，从火焰和灰烬中站了起来，我们向全世界展现了美国坚忍不拔的民族精神。

许多来自各行各业的人都在 9·11 恐怖袭击中失去了宝贵的生命。因为我的工作主要是财经报道，所以我特别无法忘怀那些英年早逝的股票经纪人们，9·11 带走了他们原本前途无量的生活。他们原本都有很好的职业、漂亮的房子和幸福的家庭；他们不但没犯过什么大错，而且还都取得了巨大的成功。本来，他们都是在像康托菲茨杰拉德（9·11 袭击中，该公司共有 658 名员工遇难）之类的大公司中的明日之星。他们都很优秀，因而可以在世界贸易中心工作。不过也就是在这里，他们生命所奏出的华彩乐章戛然而止。他们的遭遇提醒了你我，即便我们可以做到事事尽善尽美，但冥冥之中仍然可能出现一场灾难，在顷刻间摧毁我们一

手建立起来的一切。

9·11 事件之后，整个美利坚民族经历了一个决断的时刻——探究什么才是生命中真正值得珍惜的东西。生活中不断会有困难出现，不但如此，你随时都可能成为恐怖活动或者灾难的受害者。那么，你凭什么能够在灾难中生还呢？我们应该反思生活中究竟什么才是最重要的，而哪些东西又是可有可无的。包括我在内的很多人在当时都开始思索如何在逆境中锲而不舍，这种思考让我重新回到了我做人的根基。我庆幸自己深深扎根在家庭文化的土壤里，在成长的过程中，我接受了最好的基础教育。

我父亲文森特·巴蒂罗姆是第一代美国人；母亲约瑟芬是第二代美国人。新移民坚忍不拔的奋斗精神在我成长的过程中塑造了我的人格。我们住在布鲁克林的瑞奇湾区。那是一个蓝领阶层聚居的社区，居民以意大利移民者的后代为主。我父亲经营着一间从祖父卡麦·巴蒂罗姆那里继承的餐馆。餐馆的名字叫雷克斯庄园，得名于那艘 1919 年把我祖父从意大利带到美国的远洋邮轮。最近我找到了这艘邮轮的照片，和乘客名单放在一起的还有祖父的绿卡复印件。想到祖父和他的旅伴们在前往美国时的心情，我感到非常的自豪。为了一个远大的梦想，他们背井离乡，远渡重洋来到美国。他们对自由与机遇的向往是何等的强烈啊！从踏上美国的第一寸土地开始，他们便开始了从未停止过的奋斗。祖父当年何等英勇：他先是在"一战"中为了祖国意大利而浴血奋战；而后又远离故土，登上开往埃利斯岛的船，为的就是创造新生活。遥想当年，为了建起这家他引以为豪的、以那艘渡轮所命名的餐馆，祖父必定付出了不少辛勤的汗水。他为的不过就是让他的家人能够有机会过上新生活。

父亲继承了祖父的拼搏精神。对他来说，工作就是生活。从小，爸爸就教育我：世上没有捷径，要实现美国梦，就必须付出艰辛的努力。

童年的记忆中，父亲总是汗流浃背，头搭一块大手帕，在雷克斯庄园厨房里烹调着美味佳肴。雷克斯庄园是一家熙熙攘攘的大型餐厅，不仅提供美食，而且承接各种婚庆喜宴。在举办周末婚宴、周年纪念、浸礼仪式和犹太教戒礼等活动时，餐厅中总是人潮涌动。餐厅的主宴会厅可容纳 400 人，侧厅 200 人。父亲每时每刻都在餐厅里埋头苦干，要是我想跟他聊天，只要去厨房就能找到他，因为他总是在炉边为了家庭默默地付出着。

再说说我的妈妈吧。在我的印象中,她和爸爸一样,勤勤恳恳,爱岗敬业。她在一家赌马场担任全职出纳。赌场里二手烟烟雾缭绕,室内挤满了急着下注的赌徒。即便是在这样的环境下,妈妈依旧深爱着自己的工作,因为这份工作可以让她在经济上独立。直到今天,我的耳边还时常回响起她当年教育我经济独立和储蓄对于一个女人的重要性时所说的每一句话。她同样也因为喜欢赛马激烈的气氛而眷恋着自己的工作,不过她却绝不是一个赌徒。她上班所得多半拿来贴补家用,不然就是为我们买一点好吃的,也正是因为她为家庭带来的收入,我们这些子女才能上得起学费不菲的名校。母亲生命中打的第一份工就是相夫教子,而她孜孜不倦地辛勤投入也成绩斐然。她辛勤的汗水和深情的泪水让我领会了勤劳和勇敢的真谛,奠定了我成功的基础。想起母亲,脑海中就立刻出现她下班后手提好几个大大小小的杂物袋往家里赶的形象。尽管每天下班后她都已经身心俱疲,但对待家人时妈妈却总能释放出无限的慈爱!为了这个家,她一刻都没有懈怠过。直到今天,她依然是我学习的楷模。

而我继承了家族中世代传承的拼命苦干的传统。十几岁的时候,我就开始利用周末和课余时间在爸爸的餐厅里替顾客整理外套。餐厅的工作十分有趣,我不但可以积累一定的工作经验,而且可以和家人在一起。客人们给的小费也很可观,要是遇上了婚宴那可就更多了。我的服务费是 50 美分,但基本上大家都给我 1 美元。挣钱的感觉真好!上了大学以后,我就在妈妈工作过的赌马公司找了一份周末的兼职。这份工作的收入要比在快餐店打工所得多多了,除了工作环境里二手烟烟雾弥漫之外,赌场的工作还是很令人满意的。通过工作,我早早就明白了凡事都要靠自己的道理,于是,在面对逆境时我便比同龄人从容了许多。

爸爸妈妈从来都没有牢骚满腹地抱怨过自己多么辛苦、别人多么轻松。即便是现在,要是我胆敢在妈妈面前发发牢骚,说说自己多苦多累,她就一定会翻个白眼、然后不耐烦地说:"得了吧,玛丽亚,你的工作是砍树吗?有那么辛苦吗?"

我不得不笑出声来——多么冷血的妈妈呀!"没错,妈。我确实没在砍树!"

母亲是对的。我明白自己有多幸运:在世界上最伟大的地方从事着自己喜欢的工作,活在有史以来最好的时代。华尔街完全可以算是宇宙的中心——在这里,狭窄的街道两旁聚集了无数的希望和梦想,让人不禁联想起建国初期的美利坚合众国。如果说华尔街瞬息万变的众生百态是一场华丽的演出的话,那我就是

坐在第一排的观众:我见证了资本主义受到过的每一次冲击。二十载的华尔街生涯对我来说仿佛是一次高潮迭起的过山车之旅:我经历了 1987 年股市崩盘以后出现的大牛市、1990—1991 年之间的经济衰退、互联网经济的繁荣与泡沫的破碎、经济全球化、房地产的繁荣和萧条、石油危机和 2008 年金融市场的崩盘——当代最严重的金融危机和经济衰退。瞬息万变的大千世界其实是有规可循的,而我们就要学习这些规律。我写本书的目的正是在于认识这些规律的本来面目,探求如何在工作和生活中应用这些规律。

一位华尔街的朋友刚刚丢了饭碗,失去了实现梦想的机会。得知本书的主题后,他觉得很惊讶。他郁闷地说:"现在以成功为题来写书的时机不对。我们正在灭亡!"我不同意,我认为,"现在正是最好的时机"。

当然,我明白他的处境。在失败面前谈论成功并不容易。在时值牛市、市场一片大好的过去,有不少像我朋友一样的人在事业上飞黄腾达、自信非凡。他们有很好的工作、银行户头里有高额的存款、家庭美满、婚姻幸福,简直是人人羡慕的对象。然而残酷的事实是:他们取得成功之后并未能够保持成功。2008 年的经济危机最能够反映成功稍纵即逝的本质。那一年,多少耳熟能详的公司在业绩风光无限之时急转直下,顷刻间灰飞烟灭。曾经无往不利的职场精英一夜之间变得一无所有。金融服务业曾经是当代的暴利产业,但在危机过后,也走向了衰退和没落。这场危机波及到了每一个人。到处都弥漫着绝望的气息。即便当时只有雷曼兄弟一家公司破产,那也将是一场可怕的灾难。然而事实是,包括贝尔斯登、房利美、房地美、北岩、花旗集团、美林、美国国际集团、通用汽车、克莱斯勒和瓦霍维亚等众多知名企业也纷纷破产或正游走在破产的边缘。2008 年真是多事之秋啊!

然而,就在金融世界土崩瓦解之时,有趣的事情发生了。经历这场惊心动魄的危机后,许多人开始重新审视成功的内涵,更加灵活、更加深入地重新定义了成功。人们开始拷问自己的内心,提出一直以来都被忽视的问题:**到底什么才是生命中真正重要的东西? 究竟什么才是成功的基石?**

我为 CNBC 主持一档名为《收市钟》的日播节目,演播室就设在纽约证券交易所。身处金融危机的第一线,我也开始重新思索成功的真义——**成功不仅仅是一个刚刚达到的目标,而且更应该是一份持久的、可以为之奋斗终身的追求**。关于成功,有没有一个无论顺境逆境、富贵与否,放之四海而皆准的金

科玉律呢？在当今阴晴莫测的经济气候中,这个问题似乎比任何时候都更具有现实意义。那些对于成功至关重要但却又看不见、摸不着的隐性因素到底是什么？哪些品质是工作头衔和名片反映不出的？说得更现实一些,在遭到命运最无情的打击后,我们如何保持自己的成就？跌倒了,我们还能不能再次站起来呢?

金融风暴令美国的民族自尊蒙羞,我们从前取得的种种成绩突然间黯然失色。有句老话说得好,"成功有 1 000 个爸爸,而失败却是个孤儿"。跌入人生的谷底就意味着只有寂寞作陪——虽然你的黑莓手机消停了,但整个世界却并未因为缺少了你而停止前进。人人都想跟成功亲密接触,人人都想永远保持成功。但是,到底何为成功？如何成功？如何保持成功呢?

每当回首往事的时候,我总是迫不及待地想找到以上问题的答案。要是明早起床后,我不再拥有常人所认为标志成功的身外之物的话,我该怎么办？我还能继续看着镜子对自己说:"玛丽亚,你很成功吗？"

在此,我开始回答这个问题。

简 介

探索一条有意义的道路

成功 10 则

2009 年 5 月 13 日当天,我站在扬基体育场的草坪上仰望着台上一张张激动的面孔。今天,这里举办的不是一场棒球盛事,而是一场人生的盛事。由于华盛顿广场公园在进行重建工作,纽约大学获准使用扬基体育场举办毕业典礼。行走在体育场中,我的思绪不时地游走于回忆和期许之间。1989 年,我从纽约大学毕业。转眼之间,二十年过去了;光阴荏苒,时不我待。

那天,我既开心又自豪。作为校董事会的一名理事,我怀着无比激动的心情参加了毕业典礼。我头戴棒球帽,身穿学士袍,在剧作家约翰·帕特里克·尚利的陪同下入场。他是纽约大学 1977 年毕业的校友,创作了包括获奖戏剧《疑惑》等一系列脍炙人口的作品。今天,校方将肯定他的成就,授予他荣誉博士学位。

国务卿希拉里·克林顿在二垒上面的一个讲台上发表了毕业讲话。在我看来,希拉里本人就是一个成功的典范。单单是她的众多头衔就已经创造了许多历史上前所未有的记录:从阿肯色州的第一夫人到美国的第一夫人;从参议员到美国国务卿。毋庸置疑,她应当是所有人学习的对象——她的成功超越了政治。她对在场的学生说:"今天的这个时刻属于你们。你们已经来到了大联盟比赛的场地,即将振翅翱翔。"接着,她勉励同学们:"《红粉联盟》是我最喜欢的一部棒球电影。里面有句台词说得很好：'要是容易的话,那就什么人都能干这行了。'"这部催人奋进的电影改编自发生在全美女子职业棒球联盟的一个真实的故事。 "二战"以后,美国的女子职业棒球联盟得到了飞速的发展,电影演绎了女子棒球蓬勃发展的过程。 我自己也非常喜欢这部电影,电影中的一群大大咧咧的女孩征服了全国观众的心。 希拉里的讲话切中要害,学生们的反响强烈。这些毕业生们已经具备了通往成功之路的一些基本的素质：青春、活力、智慧、乐观。不过,他们还需要一些其他的东西——过来人的经验和智慧。正如约翰·帕特里克·尚利在《疑惑》的前言中所写的一样："当你的灵魂突破思维定势的局限开始起引导作用时,你的生命才真正的开始了。"这句话道出了机会的本质就是奋斗的道理。

我将这本书献给所有的学生朋友以及有志取得有意义的成功的所有人。在写这本书的过程中,我有幸接触了一些当代的伟人,从他们身上汲取了大量的营养。我还采访了一些世界上最成功的人士,了解了他们前进的动力和成功的方法。不过,当我坐在书桌前开始本书的写作时,我就很快地意识到我不能把这本书写成一册他人思想的合集。我努力地回顾了自己的经历,总结了一些属于自己的观点或看法。因此,本书写的都是我自己的心里话。

时代不同,人们对于成功的看法也会有所不同。但不管这个纷杂的世界如何变化,成功人士所具备的一些基本素养是不变的。本书中,我选取了对我自己来说最有意义的 10 种品质加以论述——只要具备了这些品质就能取得持久的成功。

1. 自知

自知是一切的基础。有了自知,你才能知道自己想要过怎样的生活；才能绘制出一幅属于自己的成功蓝图。成功并不是一个抽象的概念。它取决于你是谁,身在何处,兴趣点在哪里。它虽然实实在在地存在,但并不一定和金钱有关——**它就是一种怡然自得的心态。**

目标不同,成功的表现也就不同：成功可以是哈佛大学的学历文凭,也可以是一个呱呱坠地的婴儿；可以是演唱一首流行歌曲,也可以是制造一辆人见人爱的汽车；可以是养活你的家人,也可以是资助一个世界另一头的村庄；可以是赢

得一个奖项,也可以是战胜病魔;可以是获得升职,也可以是修剪好自己的花园;可以是挣大钱,也可以是赢得佳人的芳心。

　　虽然我们可以从别人的成功事迹中得到鼓舞,但别人终究是别人。我们永远都不会成为别人,我们永远都只能做我们自己。其实,我们的个性才是我们成功与否的决定性因素。我遇到过的很多成功人士对于自身独特的能力和志向都了然于胸。他们主宰自己的生活,勇于按照自己的方式追求梦想。他们从来都不试着成为他人。

2. 远见

　　有远见就能展望未来,发现机遇。一个愿景往往既包含了理想又不乏努力。虽然成为一个有远见的人听起来像一个崇高的理想,但实现它的诀窍其实就是专注。没有计划的人生不论是对工作还是对生活都有百害而无一利。一位年长的记者曾这样告诫过一个既想当记者又在试图成为演员的年轻人:"中国古代有一句谚语:'逐两兔者,不得其一。'"我不知道是否真的有这样的谚语,但这位长者的确道破了天机。正所谓人无远虑,必有近忧。如果没有一个明确的方向,那对未来的惶恐将会使人坐立难安。

　　远见就是在一番审时度势之后,思考自身与世界的关系,探索如何才能发挥自己的天赋,然后制订周详的计划实现自己的理想。这就是比尔·盖茨、希拉里·克林顿和杰克·韦尔奇等人取得成功的诀窍。这些巨子们为什么能够取得成功而大多数人却只能终日碌碌无为地活着? 这个问题的答案就是制订人生规划的关键。

3. 占据主动

　　成功人士的一个特点就是不断地在思考如何开拓进取。驱使他们的动力就是主动性——占尽先机、步步为营、直至成功。对于主动性,我们既不能只是想想、说说便罢,也不能被动地等待机遇的降临。我的母亲常常告诫我:"早起的鸟儿有虫吃。"把这句话拿来当做记者的信条最合适不过:我的工作就是第一时间到达新闻现场,挖掘没人发现的真相。

　　每个人都可以成为自己生活的主宰。占据主动的真谛就是用实打实干取代碌碌无为。我有一个做事情公认拖拖拉拉的朋友。有一天,她告诉我她已经在努力地改变生活态度:每天,她都会做一件通常来说她会推后去做的事情——例如打电话、写信、付账单等。她下定了决心,认真主动地过好每一天。在她看来,通过做这些简单的事情,她的生活彻底地得到了改变。

4. 勇气

　　勇气是内心深处的无畏。有了它,我们就能克服困难,在关键时刻敢于冒险,奋力向前。所有我认识的最成功的人都有超乎常人的胆识,他们的果敢总是引来旁人的啧啧称奇。

　　意大利的一句古语有云:"一事不做,自然无事可错。"真的勇者敢于在结果未卜的情况下勇于尝试;在众人纷纷逃避的时刻挺身而出;在即便可能会失败时,仍然朝着自己设定的方向前行。然而,胆识既不是要狠斗勇,也不是盲目地冒险。真正的勇者可以挣脱恐惧的羁绊,他的生活态度决定了他能够生活的无限可能。日常生活中的每个细节都能够折射出一个人的胆量。

5. 正直

　　正直就是做对的事情。那么什么才是对的事情呢? 我肯定,当我们在面对一个抉择的时候,我们都知道什么是对,什么是错。我们的内心会告诉我们答案。正直就是要审视自己的内心。抛开外在的一切之后,我们到底是一个什么样的人? 面对道德上的两难困境时, 其实我们每个人在内心深处都知道到底怎么做才是对的。

　　这些天以来,"正直"两个字一直在我脑海里萦绕,因为从一些事情上我发现:**经济危机爆发的根源就是由于道德的缺失**。危机前,许多重大的经济决策都是基于牟取不可持续的暴利, 完全忽略了这些经济行为能否提升经济发展水平,能否长期有效的进行等关键因素。不过, 不是非得到了生死抉择的关键时

刻才用得上正直。我们在日常工作中的行为举止都是自身操守的延伸。正直并不仅仅是一种可有可无的"加分"美德；更为重要的是，它是奠定成功的基石。正直的人往往很有吸引力。如果你是一个正直的人，你周围的人就会很自然地想与你相处，希望自己能够变得像你一样的正直。他们因为信任你，所以愿意为你冒险。也许一个卑鄙的人可以占有很多身外之物：金钱、名气、地位——但是如果缺少了正直的品行，一个人就永远不会取得真正的成功。

6. 适应能力

适应新事物的反面是自满守旧。适者生存的道理从鸿蒙之初一直到现在，从来都是不变的真理。如今，技术革命给各行各业都带来了革命。在传媒界，不少老牌的大报纷纷停刊；在互联网上，各种信息资讯以爆炸般的速度传播；制造业正在萎缩，因为生产环节和就业岗位都随着外包转移到了劳动力成本更加低廉的国家和地区。美国因此失去了成千上万个就业岗位，许多美国人对于就业前景感到担忧。此时此刻，适应变化的能力就显得至关重要：与其消极地拒绝接受生活中的变数，不如在变数中寻求新的发展机会。要适应新的形势，关键就是不管地位高低，都要抱有一种勇于学习新事物的心态。毫无疑问，能从这场金融危机中逃离升天的人，必将是那些长袖善舞的百变达人。

7. 谦逊

我认识的一些最伟大的人往往也是最谦虚的人。谦虚既不是懦弱，也不是做他人成功的垫脚石；谦卑，就是要明白我们只是凡人而已。低调的人往往具有极大的魅力。听到别人说"我算是搞砸了"的时候，我们往往会感同身受。听到别人自嘲时，我们听着都会觉得很轻松。谁都不会喜欢吹毛求疵、过分注重自我形象的人。少了一颗谦虚的心，我们就不能正确地认识自己和了解他人。

吉卜林的《如果》一诗陪着我走过了成长岁月，给过我无穷的启迪。从某些方面来说，《如果》就是一首讴歌谦卑的诗——不少诗句的主题都探讨了个人在世界中的位置。我最喜欢的一句是："如果在所有人都怀疑你的时候，你还能相信自

己,但同时还能允许别人对你的怀疑。"这句诗的意思是:相信自己,但不要把自己当做宇宙的中心。

8. 坚持

　　成功转瞬即逝,即便我们能够取得成功,我们也不能保证它会永远留在我们身边。成功是一次长征,我们需要一些辅助来完成这项特殊的征程。即便是从事自己喜欢的工作,年复一年后,还是难免力不从心。要学会坚持,就要先懂得如何找准自己的步调——懂得为长远利益放弃部分的眼前利益。在一个懂得坚持的人看来,成功非但不是一段长途旅行的终点,而且是一种生活的常态。最成功的人往往是那些懂得如何一步一个脚印、积跬步而至千里的人。

9. 目标

　　小时候,我非常崇敬在我所就读的天主教学校教书的修女们。她们身上总是散发出一种神圣的使命感。那时,我觉得只有很天赋异禀的人才能听到命运的召唤。现在我明白,人人都有自己的使命——它凌驾于工作、收入、生活方式等物质层面之上。我遇到的很多人都承认他们很晚才认识到生命中真正重要的东西是什么。基本上,他们都是在遭遇了一次危机后才幡然醒悟,重识了生活的真谛。但并不是每个人都非得经过灾难的折磨才能看清人生的目标,因为至少在内心深处我们每一个人都渴望过上充实而有意义的生活。

10. 弹性

　　生活就像一个跷跷板,一会儿我们处在上风,一会儿我们就下去了。成功稍纵即逝,不管我们怎么努力,一些不可控的因素总会向我们袭来,让我们顷刻间变得一无所有。但是当我们看到了那些跌倒了再站起来,如凤凰涅槃浴火重生的人们时,我们又会变得乐观起来:我们渴望知道他们如果重新来过——究竟是什么样的能力和心态让他们能够再造辉煌。

MARIA BARTIROMO

上述的 10 种品质就是奠定持久成功的基石。经过不断思索，我得出了一个新的结论：这 10 种品质和纷繁的外部世界完全无关。真正的成功源于内心。所以，不管年头的好坏，每个人都可以取得成功、保持成功。我坚信，每个人都必须为自己做主；否则，就会有人想要插足我们的生活，摆布我们的命运。不管经济情况是好是坏，本书中的 10 项品质都将教会大家如何为自己的生活做主。我最想告诉读者的是：每个人的生活都属于他自己，所以我们都要用自己的方式去过好每一天。在此，我愿意分享从朋友那里学到的一些东西。

SELF-KNOWLEDGE

自知

倾听内心

如果在我加入新闻界之初,你问我:"玛丽亚,你热爱什么? 你最想做什么?"我可能会回答不上,因为当时我只笼统地想在新闻方面有所作为。后来,我意外地发现自己在报道财经新闻方面有一定的兴趣和天赋。在从事兴趣爱好的众多渠道中,我还是幸运地找到了适合自己的方式。我很庆幸我当时能在一个正确的地方作出正确的选择。

大学刚毕业就进入 CNN(美国有线新闻网)担任制作助理对我来说简直是美梦成真。起初,我并没有认识到这样的机会有多么宝贵。大学期间,我身边的朋友都只愿意在几家最大的媒体工作。但是后来我发现,在 CNN 这样的小型电视网工作将带给我更加丰富的职业经历。在大型电视网里,员工往往只从事自己专业内很窄的工作——不外乎操作提词机、整理新闻稿或者做场工。

我进入新闻行业的时机非常好,CNN 当时还只是一个正在成长的小公司。海湾战争刚刚爆发,CNN 对这场战争的报道创造了新闻界的历史。当时,CNN 还雄心勃勃地开播了一系列财经新闻栏目,包括《金融在线》《商务日》《早间商务报道》等节目。那时的我每天上班都很快乐:虽然当时还不知道自己的职业走向,但我已经深深地爱上了新闻业的紧迫感和时效性。我还发现,在与人交谈和获取信息方面我有着自己的独到之处。

没过几年,我就做到了一个适合自己的职位:节目编辑。虽然这份工作听起来并不怎么光鲜靓丽,但我却非常热爱这个岗位。

在 CNN 工作时,我从许多热爱新闻、机智勤劳的记者们身上学到了不少东西。他们很清楚自己的优点,并且能够很快地适应新闻行业的瞬息万变。尤其是在海湾战争期间,他们的创新让新闻报道发生了天翻地覆的变化。看到他们从随时会发生爆炸的战区发回的报道时,我不得不由衷地钦佩他们的胆识。

我对自己的工作有很大的热情,无时无刻不全身心地投入到工作中去。不过五年后的一天,美国有线电视新闻网突然宣布要重组我所在的部门。一个晚上,我正在电视台值夜班,我的老板朝我走过来,宣布了我被提拔为制作人的"好消息"。我的第一反应是失落——似乎这并不是我应该有的反应。但是我并不想放弃我所做的工作,因为它带给了我无穷的乐趣。我当时已经很擅长与采访对象互动,并在搭建起良好的关系后邀请他们出镜。我的桌上有很多文件,我按照罗洛德克斯卡片索引系统把它们整理得井井有条。我感到自己的价值在短短几尺的编辑桌上得到了实现。

升职是不可多得的良机,随之而来的是更好的报酬和更高的头衔。但这些并不是我想要的。"飞来横福"让我心烦意乱,我努力地掩饰着内心的波动,跑到了20楼的图书馆里,在没人的地方偷偷地啜泣。

我当时处在一个重要的十字路口上。和许多同龄人一样,一直以来我都习惯于将职业生涯当做爬梯子一样,一级一级地向上攀登。不管喜不喜欢自己的工作,只是为了更多的钱、更体面的头衔,我们就只管挖空心思地往上爬。但等到真的要爬上去了,我的心里却开始隐隐作痛——因为我一点都不喜欢制作人的工作,它并不适合我。

"怎么办呢?"我一边想,一边走到了洗手间去洗脸。我站在水槽旁擦拭眼旁的泪痕,这时,凯蒂走了进来。尽管凯蒂比我大不了几岁,但我一直都钦佩她。因为她顺利地闯入了原本是"男人俱乐部"的财经新闻界,而且发展出了自己的风格。直到今天,她依然是 CNN 财经新闻的当家主播。我想知道如何才能获得她那样的自信和从容,因为我当时完全不具备那种实力。

她看到了局促不安的我,于是走过来跟我说话。我向她敞开了心扉:"我不知道如何是好。我很喜欢现在的工作,我不想离开这个岗位。我很高兴能够得到晋升，但我一点都不喜欢新的工作。到底要不要放弃新的工作呢？还是我应该勉强自己享受升职带来的好处？"

凯蒂是一个冰雪聪明的人。她安慰我："玛丽亚，你应该展望一下五年后的自己。一旦知道了自己未来想成为什么样的人，那么你就可以朝着那个方向努力了。这就是我能给你的最好的建议。"

这是我生命中第一次有人跟我谈到未来的长远规划。于是，我开始认真思考自己究竟该何去何从。思索再三，我发现自己喜欢身处新闻的中心，与来自各行各业的人互通有无。喜欢撰写新闻稿件，报告时事新闻。我还发现，自己的心底原来还一直埋藏着一个遥不可及的梦想：出镜报道。于是我灵光一闪：新的工作其实可以为我将来出镜打好基础。后来，我凭借自身的努力和节目组同仁的帮助，一步步地实现了原本遥不可及的梦想。

我接手了新的工作，改为在夜间制作节目。此时我已经有了一个更大的想法：录制一些自己的出镜画面，积累一定的播音经验。我跟老板谈过以后，他批准了我的加班要求。于是，每天交班后，我就会跟早班的机组人员一起到证券交易所作开市的新闻报道。我还自己给自己写新闻稿，当我和机组人员单独相处时，我就会央求他们让我出镜。我会好话说尽地求他们："我保证，只要十分钟就好了。我已经写好了稿子，请你们帮我拍一下吧！"剧组人员很友善，通常他们都会很愉快地答应我的请求。有了他们的帮助，我很快就建立起了一套自己出镜报道的拍摄剪辑："这里是 CNN 商业新闻，玛丽亚·巴尔蒂罗姆为您现场报道。"

当时我已经为自己的将来作好了打算。我将自己做过的报道剪辑整理在了一盘录像带上，发给了包括 CNBC（消费者新闻与商业频道）在内的几家电视台。我当时就决定要去一家专业的财经频道。不久，CNBC 就同我取得了联系，对我的报道大加赞赏。

一天早上，在上完夜班后，我打起了精神前往新泽西州的利堡市参加 CNBC 的面试。我的面试官是该台的高管彼得·斯特蒂文和刚刚担任台长的罗杰·艾尔斯。面试进行得十分顺利，我们的观念一拍即合。虽然做事情不能只靠直觉，但是当天只有 26 岁的我却在面试时就感到已经自己胜券在握。面试结束后，我坚信自己会被录用，于是就兴冲冲地返回了曼哈顿，还买了两条新裙子犒劳自己。

血拼一番之后，我精疲力竭地回到了家中，倒头就睡，因为几个小时后我还

要去电视台值夜班。熟睡中，电话突然嗡嗡作响，半睡半醒的我东倒西歪地拿起听筒，电话是 CNBC 打来的，他们决定把我录用为出镜记者。挂了电话之后，我欣喜若狂，整晚都兴奋得睡不着觉。

回顾 16 年前的岁月，一路走来，成长教给我的道理我依然铭记于心：**我们应该了解自我，活出自我。做自己不喜欢做的事情也许能换来金钱、名望和地位，但却始终换不到有意义的生活。**

不掌握自己的命运，就会任人摆布

杰克·韦尔奇一直以来都是我生命中的导师。1993 年，我加入 CNBC，当时他正担任 CNBC 母公司通用电器集团的董事长兼首席执行官。他有一句口头禅："不掌握自己的命运，就会任人摆布。"（诺埃尔·蒂奇和斯特拉特福·谢尔曼还专门就这句话写过一本书，书名就叫《掌握自己的命运，不然就任人摆布》）

虽然这个理念听起来很简单，但它却是决定一个人成功与否的关键性因素：我们不能指望着命运之潮将我们一波一波地推到理想的彼岸。在生活的汪洋大海之中，要到达理想的彼岸，就要靠自己的努力游过去。当前的经济形势下，有不少人都抱着希望可以保住工作，不被解雇的心态。这种侥幸心态有百害而无一利。我不禁要问，即便可以躲过一次危机，那下一次再有困难发生怎么办呢？难道我们一辈子都要提心吊胆、唯唯诺诺地祈祷不要有坏事发生吗？如果我是老板，我决不会雇佣甘心被命运摆布的人。我要雇佣的一定是命运的弄潮儿——即便他们有时难免遇到挫折，但在挫折面前，他们依然会在一番摸爬滚打之后翘首前行。

让我感到不解的是，在我们生活的这个时代许多人都明显地感到生活缺少了自主性。多数事业有成的职场精英应对危机方法竟然是在办公室里坐以待毙，暗中祈祷裁员的电话不会在自己桌上响起。我和他们中的许多人都有过工作上和生活上的交谈。通过谈话，我发现他们对华尔街的变化了然于胸：有的公司在巩固业绩，而有的则濒临倒闭。于是，他们担心失业。按照应对措施的不同，可以将他们划分为两种人：第一种人觉得自己迫于生活所困，对于现状束手无策，只能枯坐苦等奇迹的出现。第二种人则有所作为——或努力提高自己的专业技

能或在其他的行业寻找机会。现在的问题就是,我们怎样才能成为第二种人,如何在危机四伏的时代掌控自己的命运?

在回答这个问题上,凯蒂给我的建议就能带来很大的启发。面对困难,与其坐以待毙,碌碌无为,不如扪心自问:"5 年后我到底想去哪里?"有了答案后,就开始朝着这个目标迈进。每天都坚持采取切实的步骤一步一步地实现自己的理想。找到自己的不足和所需:是技能方面的培训呢?还是结交更多的朋友呢?还是找到一位伟大的导师呢?无论我们需要什么,我都要以积极的态度面对生活。

一旦决定了要为自己的未来奋斗,人就会变得理智起来。生活中,我们很容易就觉得自己是受害者,常常感到莫名的恐惧。然而,恐惧会带来一系列的连锁反应,尤其是使人消沉。一旦意志消沉,就难以发挥出最佳的状态。此时,即使有很好的机会出现,我们也会因为意志消沉而错失良机。虽然很多时候我们都无法改变周遭的大环境,但是我们却可以改变自己。9·11 事件之后,我有幸与在恐怖袭击中丧夫的妻子们共处过一段时间。面对生命中突如其来的灾难时,她们最初的反应是震惊和绝望。除了撕心裂肺的情感创伤,她们还要担心家庭未来的经济来源。即便如此,她们还是重新振作,代表全体受害者家属从事起了公共事业,让世界看到了灾难之后美国人的不屈不挠。一批 9·11 事件的遗孀不但成立了 9·11 委员会,而且还执著地向社会发出要求调查 9·11 真相,避免类似袭击再次发生的疾呼。这些伟大的女性在惨剧之后的表现证明了她们的丈夫没有白白地牺牲——她们不仅提升了自己,而且也提升了整个民族。她们的事迹激励着千千万万的人拼搏奋进。

犯一个天大的错误

走自己的路也就意味着要冒一定的风险。也许在路的尽头,我们可以达到目的地;但也可能,这条路根本就没有尽头。我决定从 CNN 辞职转投 CNBC 时跟我的上级卢·多布斯进行了一次面谈。他狠狠地盯着我说:"玛丽亚,你现在正在犯一个天大的错误。"他之所以这么说是因为他也是为了我好。在他看来,只有 CNN 才能给我最好的发展空间。当时,CNBC 根本无法和 CNN 相提并论,所以他认定了我是在自毁前程。一个我如此尊敬的人竟然对我泼这么一盆冷水,当时我受到的打击之大可想而知。但我还是选择了坚持自己的想法,并且作好了面对失败的心理准备。我也曾想过,也许卢·多布斯是对的。但是我又想,如果让恐惧左右我的抉择,那我可能一辈子都得不到自己想要的东西。接受 CNBC 并不是一时的冒失,作这个决定之前,我已经想清楚了两件重要的事情:首先,这份工作正是我梦寐以求的;其次,即便失败,我也可以拍拍灰尘,重新来过。

这样的例子在我们所熟知的最成功的人身上举不胜举——当所有的声音都在说"不行"的时候,他们却大声地说"行!"。希拉里·克林顿在宣布竞选参议员时遭到了来自四面八方的反对。批评她的人说她是在利用丈夫的政治资本,说她不是一个真正的纽约人,没能力做参议员。她非但没有理会这些无理的批评,而且还用实际行动逐一击破了针对她的指责。比尔·盖茨在大学时就决定投笔从商,经营当时还是一家小公司的微软。他的家人对他的决定怒不可遏。他们不理解他为什么放弃充满机会的哈佛,转而追寻一个遥不可及的乌托邦。虽然时间证明了希拉里和盖茨都是对的。而当初他们在不顾一切反对作出自己的决定时,所凭借的正是自知和决心。

我对跨行业取得成功的人总是很感兴趣,在决定改变自己的行业之前,他们都会问自己:"我在做什么?"埃里克·施密特是谷歌的主席和首席执行官,我专门问过他为什么要在 2001 年时加入谷歌。他当时已经 56 岁,跟年仅 28 岁的另外两位创始人拉里·佩奇和谢尔盖·布林完全是两代人。加入谷歌之前,他已经是一名事业有成的工程师,而且还做着行政主管的工作。此外,他不但是一名体育健将,而且还担任着 Novell 技术公司的首席执行官。而当时谷歌的创立者只不过是两个正在开拓新事业的年轻人。

我问施密特:"当时加入谷歌对你来说是一种冒险吗?"他讲起了第一次和拉里和谢尔盖一起见面的故事:"我走进了他们的办公室之后,看见拉里和谢尔盖就站在一个投影仪的旁边,墙上是我生平经历的投影。他俩长得像小孩一样。会议气氛很开放。我们讨论了各自所做的事情。会议结束后,我不由得盘算:'再没有比这两个家伙更自大的人了。'但我同时也想:'我还要再和他们谈谈,因为他们真的很特别。'"

施密特自己也承认:"我当时知道自己在冒一个很大的险,但这个险冒得值,

因为我当时就想做一些有意义的工作。那会,我既不懂搜索,也不懂广告业务,更没想到谷歌会发展到今天这么大的规模。"那他为什么还是加入了谷歌呢? 他告诉我,是谷歌两位创始人惊人的创造力吸引了他。"天才们的行为往往是常人所无法理解的。莫扎特等怪才就是最好的例子。能和拉里和谢尔盖一起工作是我的荣幸——他们的才华从我们认识到现在,一直都有增无减。开始和他们共事的时候,我叫他们"小伙子们"。现在,他们已经蜕变得更加成熟,成为了技术老手,公司运营专家、改变世界的主力。

现如今,施密特庆幸自己当年冒险加入了谷歌,因为谷歌不仅带给他了财富,而且在那里他还收获了快乐。现在,他对自己每天所做的工作爱不释手。

去掉计划中的金钱因素

最近,我与维克森林大学商学院的毕业生们进行了一次谈话。一个学生在讨论期间作了如下发言:"我对将来无所适从。在我作读商学院的决定时,周围所有的人都告诉我这是一个好主意,毕业了就可以赚很多钱。我一直都期望毕业后可以拿到一份高薪,但是去年的金融危机却打乱了我的如意算盘。我欠了不少学生贷款,因此我努力学习,以求毕业后能找到高起薪的工作。但现在一切都变了,我该怎么办? "我能理解这位男生的苦恼。我猜他一定非常优秀、能干。不过像很多现在的学生一样,在生活的征途上,他迷路了。像他这样的学生不在少数:从小到大,他们都按照别人的路线发展,说到未来的规划,除了用金钱以外,他们没有任何其他的衡量标准。

我毕业后的第一份工作离现在也不是很久,当时的年薪是 18 000 美金。我和我的同学们从未妄想过毕业后就要立即发大财。我们看重的是如何进入自己喜欢的行业,为实现自己的梦想打好基础。现在的学生要求的毕业后的起薪都非常高,有些甚至高得不切实际。但事实是,没有谁理所当然的就应该赚大钱。

谈话结束后,我和百事公司的前任首席执行官、维克森林大学商学院院长聊了起来。他告诉我他现在的工作很难做,因为大学主要靠宣传毕业生的优秀就业和高额收入招揽新生。学生们考虑的也主要是毕业后的收入。想要赚大钱一点都没有错,但是在衡量成功方面,人们把金钱看得过重。我在维克森林大学做演讲的那一年中,许多顶尖的企业都没有招收新人,就业市场低迷。我当着全校学生的面在舞台上采访了百事公司的首席执行官英拉·诺依。她话说得很直,当我问她就现在的经济形势,对想要就业的同学有什么建议时,她回答说现在的经济危机是一个很好的机会。现在正是能够排除金钱的考量,全心全意实现自身理想的好时机。她还说,同学们现在应该放眼世界、找寻自己所需,并努力回馈社会。她鼓励同学们在刚出校门的一两年里去帮助有需要的人群,积极参加志愿者活动,做几次自助旅行,充分利用竞争激烈的就业市场锻炼自身的能力。

史蒂夫·雷蒙德洞明了宏观商业环境及其对大学教育的影响,他说:"商学院需要变革。目前学生能否拿到高起薪就是我们用来评价教学质量的唯一标准。但在我看来,这样做有失偏颇。因为如此一来,我们实际上是在鼓励学生尽量去挣钱,而非从事他们自身喜欢、擅长,并且对家国天下都有贡献的工作。"一切向钱看的标准在某种程度上催生了 2008 年的金融危机。才华横溢的工商管理学硕士们走出商学院之后,并没有选择在制造业、医疗卫生业、技术业等国民经济的支柱产业谋职,而是纷纷扎堆到了高盛、黑石集团等金融机构。他们缘何作出如此相同的选择呢? 未必是因为自己真正喜欢金融,多半是为了钱。

在讨论中,我们还设想了如果衡量标准改为一些更加深刻、影响更加持久的因素会产生什么样的作用。实际上,这样的改变已经在一些学校得到推广。包括维克森林大学在内的几所学校正在积极引导大学生通过参加诸如 "为美国而教"、"美国和平队"、"和平队"等活动积累工作经验。校园就业辅导老师也应当发挥积极的作用,帮助学生们将择业眼光投射到华尔街以外的广阔天地。

在采访纽约大学斯特恩商学院经济学教授努里尔·鲁比尼的时候,我曾求教他对即将离开校园的毕业生们有何建议。努里尔教授对于经济形势的预测非常精准。早在 2006 年,他就预测了 2008 年要到来的金融风暴,具体指出了随之而来的房产崩盘、石油危机和经济衰退,并预示了这些灾难对于世界经济的巨大冲击。当时,几乎没人把他的预测当真。纽约时报戏称他为"毁灭博士"。而今,他的预言却一一得到了证实。诚然,他的盛事危言可谓忠言逆耳,但的确他号准了世界经济的脉搏。在努里尔看来,毕业生们不应该扎堆金融业,其他的实业才是他们分享所学、展现才华的广阔天地。 他说:"我认为这个国家需要更多的企业家,更多人去从事制造业。年轻人应该投身到能够保证国民经济长期增长的行业中

去。而现在,我们最好的人才都去了华尔街,这就导致了人力资源配置的失衡、人力资源效率的低下。"

努里尔教授的观点切中要害:我们必须重新定义成功的内涵,思考如何将成功的真义传授给那些正在作出人生中重大决定的年轻人们。过去 25 年里,金融业的影响日益增加,已经成为国民经济的主导产业。金融行业的高收入吸引了无数才华横溢的商学院毕业生们投身其中。他们在择业时不再考虑整体经济的健康、不愿意去制造业、生物科技行业等基础产业工作。一夜之间,金融系统遭到了巨大的冲击,风光不在。成千上万的金融从业者也自然而然地失去了自己的工作。

我总是跟学生们讲:"择业时不要一切向钱看。不要找一份工资最高的工作。你的工作一定要是自己喜欢的事情。做自己喜欢做的事情,依然会有钱赚;但是做自己不喜欢的工作,你就不会快乐。如果不高兴的话,你就别想好好工作。"

现在,我鼓励学生进一步思考自己的就业:"如果所有的工作挣钱都一样,你会想干什么呢?"

我恳请各位思考这个问题时,诚实一点,如果不考虑钱的因素,你最想做什么?如果你的答案跟你现在从事的工作有天壤之别,那你就处于一个严峻的两难之中——也就是我们所说的"自身兴趣的冲突"。如果是这样的话,就要衡量一下理想与现实之间的距离,然后采取行动缩小差距。不妨问问自己,愿意为做自己喜欢的工作牺牲多少? 高收入当然可以是理想的一部分。毕竟,资本主义的前提就是人人都有赚大钱的机会。另外,今天社会的多数成功人士都是白手起家建立起自己的事业的。美国脱口秀女王奥普拉入行时只是田纳西州的一家地方电台的记者;斯皮尔伯格的事业始于他在环球影城所做的无偿实习;惠普集团的前任首席执行官卡莉·费奥瑞纳在金融公司做过多年的文秘;股神巴菲特在奥哈马州做过理财计划的推销员;环球公司的总裁罗恩·梅耶曾经只是老板的司机。这样白手起家的例子举不胜举。而今,这些伟大人物似乎摇身一变走上了神坛,但是不要忘记他们也是从一无所有开始的。

英雄不问出处

　　"英雄不问出处"是乌苏拉·伯恩斯的母亲在她成长的过程中经常对她说的一句话。昔日的她在曼哈顿东区的一个贫民区长大,而今她已跻身富士施乐公司的首席执行官,成为了全球500强历史上第一位黑人女首席执行官。她对于出身贫寒却志存高远的青年人来说,无疑是一个杰出的榜样。

　　30年来乌苏拉在工程学方面的才华让富士施乐公司的所有人有目共睹。不过谈起自己的杰出业绩时,她既不将它归功于性别,又不把它归功于种族。她说,自己的创新思维能力源于自己与公司其他高管完全不同的生活经历。她告诉我:"由于和其他人的出身不同,我能够很自然地用自己的方法应对机会和挑战。我出生在曼哈顿东区的一个贫民区,由我的单身母亲把我抚养长大。对我来说,我的经历再正常不过。许多这个行业的领袖出生背景与我天差地别,而我独特的背景就能够帮助我为公司作出更大的贡献。我一直都是这样想的。公司对像我一样的人来说是一个很好的地方,因为它尊重个性。"她这样说是因为早在20世纪60年代,富士施乐公司就开始执行员工多样化的政策,她自己本身就是这一政策的受益人。而今,富士施乐公司三分之一的主管全部是女性,这在美国企业界算得上是一个了不起的数字。在乌苏拉看来,由不同的生活背景带来的多样性可以优化企业的组织结构,为企业带来更大的潜力。乌苏拉对于自己的出生并没有耿耿于怀,而是将其视为一笔奠定自己成功的宝贵财富。

　　奥普拉也是一位通过坚持做自己而取得成功的女性典范。现在在福克斯电视网就职的丹尼斯·斯旺森,就是挖掘奥普拉的功臣。当时,他担任美国广播公司芝加哥子公司的总经理。他曾透露,尽管奥普拉年轻时与传统的电视录制模式格格不入,但她还是决心进入电视圈。于是,他给了她一份播报新闻的工作,但是奥普拉并没能胜任。在电视上,她看起来既奇怪又死板,没有半点新闻主播的影子。但是,丹尼斯却发现了她身上的独到之处。他指导奥普拉:"奥普拉,别一直盯着提词机看。只要做好你自己,把你真实的一面展现给观众就好了。"于是,她彻底放开了自己,展现出了让所有人都为之疯狂的魅力。丹尼斯还记得奥普拉问他,"我表现如何?"他回答说:"今天晚上回家,你可以问问你的朋友和家人觉得怎么

样。但是你的心脏一定要承受住他们的溢美之词,因为我们明天还需要你来上班,继续你的辉煌。"于是,奥普拉就凭借展现真我风采而迅速成名。

接受自己的出生背景、踏踏实实做人是成功的基础。在写本书的过程中,我采访过的所有成功人士都强调了以上的观点。我理解他们为什么做出这样的结论,因为我有亲身的经历。作为一个在湾岭长大的孩子,我从来没有想过自己的照片会出现在广告牌上。我从未料到过来自政治、金融和科学界的领军人物会接我的电话,与我面谈,甚至就某些问题征求我的意见。然而,我不是从小在幼儿园的时候就已经开始琢磨着如何在电视界发展。和乌苏拉一样,我事业的成型离不开老师和父母的谆谆教诲:"英雄不问出处。"同样,更不能数典忘祖,取得了成功之后就忘记了艰苦奋斗。我对自己的意大利血统感到万分的自豪,因为意大利文化认为拼搏奋斗和高尚的道德才是决定成功的关键。正因如此,不管多忙,无论是在工作还是在旅行时,我都会尽力回馈意裔族群。出于对意大利文化的热爱,我还经常举办哥伦布日周末游行晚会。

做唯一的自己

在和娱乐圈的朋友们交谈时,我总能感到他们言语中的忧虑。其中,女性朋友的忧虑表现得尤为突出。面对比自己年轻貌美的女同行,她们总是觉得自己好像是货架上快过期的商品一样,很快就会失去人们的注意。不仅仅是娱乐圈的人如此,这种心态在今天的文化中相当普遍。对于电视人来说,年龄的压力更是格外的重。我一生中受到了无数伟大女性的影响,但在面对年龄的压力方面,最令我侧目的当属歌蒂·韩和玛丽·哈特两位伟大的女性。她们在这个问题上所表现出的从容和淡定值得所有人学习。

几年前,我在参加《财富》杂志举办的"杰出商业女性年会"上结识了歌蒂·韩。除了在会上做励志演讲外,她还临时开办了一个瑜伽班。在瑜伽班上,我与她一见如故,迅速成为了好友。而后,我们通过电子邮件联系,并不时地抽空聚会。与她相处总是觉得很快乐,虽然已经是63岁的年龄,但她给人的感觉还是很年轻的。在一次晚宴上,我问她:"好莱坞有这么多风华正茂、容颜姣好的女星想取代你,你如何保住自己的地位呢?"她笑着回答说:"你说的让我想起了我演过的一部电影里的台词：'大家都想变成我。'是哪部电影里的对白来着？"

做了太多部电影后，想不起其中一两部的名字是很正常的事情。于是，我告诉了她是《前妻俱乐部》，然后我们开怀大笑。笑了一会以后，她变得严肃起来，她说："玛丽亚，你问的问题答案其实很简单。总会有不少人到好莱坞来扮演我的角色，并努力取代我。不过没关系，我还是会专心做自己的事情，这也是我唯一能做到的。"她很会按照自己的方式享受生活。她知道要是只沉湎于辉煌的过去，就会无暇顾及未来。她说她已经7年没拍电影，因为她只想做自己喜欢的事、接自己感兴趣的剧本。她从家庭生活中得到了许多满足感——共度26年时光的伴侣库尔特·拉塞尔以及她的孩子凯特、奥利弗和怀亚特给她带来了无穷的天伦之乐。她还专门成立了一个基金会，旨在提高儿童的身心健康。歌蒂就是这样：她永远都快乐地活出真正的自我。她喜欢真实的自己，从来都不去模仿别人的生活方式。

58岁的玛丽·哈特是一位集美丽、智慧与时尚于一身的女强人。时至今日，她依旧是《今晚娱乐》中的金牌主播。最近我跟玛丽说："我简直不能相信您竟然能在这个以年轻人为导向的娱乐圈中叱咤风云了这么多年。说实在的，有多少金发碧眼的年轻美女想要取代您的位置啊？"她听后笑笑说："电视公司就是会当着你的面不断地推出新面孔、新人类，从而让你没有安全感。但我从来不去想这件事情。我就是坚持自己的风格，而且观众对我也很熟悉。毕竟，新人不管怎么模仿，终究都不是我。我才是唯一的自己！"说得简直太对了：我才是唯一的自己。别人总是会具备一些我们所不具备的优点。但只要我们能够从容自信，懂得欣赏自己的独到之处，就没有人能够取代我们在这个世界上的位置。

也许大家并没有足够的勇气活出本色，尤其是在事业刚刚起步，或者是在大公司工作的话，张扬个性似乎并不是一件好事。杰克·韦尔奇在经营通用集团时我就对他非常地仰慕，因为他让包括我在内的每一位员工都知道我们小小的创意会让他欣喜若狂。每一位作出过创新的员工都会收到一张他亲笔书写的小便条，这在当时成为了公司中广为流传的一段佳话。我自己就收到过好几张"佳话"便条，阅读老板嘉奖后我的自信会成倍地增加。但是后来杰克告诉我，写这些东西并不仅仅是一种鼓舞员工士气的手段。他说："我写这些便条时内心的激动，丝毫不亚于被我表扬的人。"杰克把自己在公司中扮演的角色比做一名交响

乐团的指挥。他风趣地谈到："交响乐团中既有低音吉他,也有小提琴。而作为一名领导,我的工作就是感动所有的人,让他们能自由地思考,从而大幅度地提高工作效率。"

美国西南航空公司的创始人赫布·凯莱赫魅力非凡,所有人说到他时,对于他建立起的个性文化无不拍手叫好。他三言两语就向我解释清了西南航空的企业文化:"我们告诉员工们:'做自己就好,活得开心点。勇敢地做自己想做的事情。我们就是因为你们独特的个性才雇佣了你们。我们最不希望看到的就是你们像机器人一样死板地工作。在工作时,做你们自己就够了。'"这样的公司文化正是西南航空多年来屹立不倒的根基。

有时,发现自我和活出自我都需要我们付出额外的努力。采访比尔·福特时,我惊讶地发现,虽然他的出身为他带来了别人所没有的机会,但是继承福特这个姓氏和家族产业也同样给他带来了前所未有的挑战。他需要找准自己在福特公司中的定位,在福特的光辉史上留下自己的印记。他自问:"我怎么才能作出自己独有的贡献?"比尔并不想扮演一个福特公司临时监管人的角色。他打破了美国汽车界的历史,成为了美国汽车业第一位大力推行绿色技术的高管。他告诉我:"我一直都是环保主义者。为此,在福特汽车的 30 年里,我进行过许许多多的斗争。初进董事会的时候,其他董事就责令我和所有的环保人士断绝来往。我对他们讲:'不行,我绝对不会断绝与他们的联系。'于是,在我的事业生涯里,我一直或多或少地被认为是一名布尔什维克主义者。"他将福特汽车工厂建成了世界上最环保的工厂,并且生产了美国第一辆混合动力车"翼虎"。虽然受到过千万人的阻挡,但比尔·福特还是凭借着自己的直觉,成功地丰收了事业,在福特汽车的发展史上留下了浓墨重彩的一笔。

每一位成功的商业领袖都非常清楚:**人的因素至关重要**。**员工不仅仅是在冷冰冰的"人力资源"概念下的劳动单位,而是一个个充满激情、风格迥异、生活之道大相径庭的鲜活的个体。只有理解了这个道理以后,我们才能比别人走得更远,才能看到前人所不曾看到的机会。**

在过渡中坚持自我

在赖斯担任国务卿时以及卸任后,我都与她有过几次交谈。她是一位杰出的女性——聪明、自信,而且胸怀世界。不过赖斯成功的原因却是因为她从不忘本。她行事务实、为人谦虚。每当她讲起自己在阿拉巴马州伯明翰市的成长经历时,她的听众总是为之动容。他们经历了种族隔离制度最为严格的时期,不过,他们是受过良好教育的进步人士,当时就认识到了黑人的待遇必将改善。虽然赖斯出生在那个黑暗的旧时代,但她的父母却为她创造了一个超越历史的环境,让她得以健康成长。赖斯的成长就是她父母实践自己信念的过程,长大成人后,赖斯取得了巨大的成功,而她父母的信念也得到了回报。赖斯总是很感激父母对她的抚养、疼爱与支持:家庭的爱帮助她走好了成功路上的每一步。

赖斯离职前夕,我对她进行过一次采访。当时,我很好奇她怎样看待自己职务上的变动。我想知道从一名高级官员做回一个普通公民,她有什么样的心路历程。我猜她一定很难适应这个转变:仿佛昨天还在接见外国元首、造访各国、时刻影响着美国和世界的走向,而今天却突然眼睁睁地看着别人取代了自己的位置。赖斯承认,在与布什政府共同完成任期时,她的确感慨良多。但她也很清楚国务卿的职务并不是她的全部;同往常一样,她还有其他的身份,还有一腔对生活的热爱。

赖斯告诉我:"我骨子里还是一名教育工作者,我深信教育能够改变一切。我自己的生活就是最好的见证:教育是通往美好生活的坦途。"在反思自己的政治生涯时,她说道:"美国的伟大就在于即使你出身贫寒,但是只要受过良好的教育,你同样可以做出一番不平凡的事业。"

在今后几年中,赖斯立志为更多的人争取受教育的机会。她并不认为这与她的公职有所违背。实际上,她是第一个坚持宣称自己不是政客的人。

赖斯对于未来的热情以及强烈的自我认同意识给我留下了深刻的印象。生活中突发的变化在她看来并不是什么恼人的不和谐音符。对待过去,她没有太多的沉湎与悔恨。正如她擅长弹奏的古典钢琴曲一样,赖斯可以非常流畅地演奏生命中的一篇篇协奏曲,因为她清楚:**生命就是由一段段的乐章组成的一首**

完整的交响曲。

上心做好每件事

我们可能没有自己的公司,但我们却有自己的生活。也许我们在做的不是自己最理想的工作,但我们必须认真做事,上心工作,并牢记我们的工作能够对别人、对社会产生巨大的影响。我很早就明白了这个道理。中学时,我曾在婚纱店里工作。当时我告诉自己:"虽然把重重的婚纱搬来搬去是有钱赚,但还是自己穿上婚纱,幻想婚礼的浪漫情景更有意思。"抱着这样的想法,我就没把工作当一回事。上班时游手好闲,不务正业:只管自己一件一件地换穿婚纱,置顾客于不顾。也许我这么做自己没觉得有什么问题,但是顾客却非常不满。于是,我很自然地就被解雇了。我绝望地放声痛哭:他们凭什么解雇我? 答案很简单:**他们需要的是爱岗敬业的员工,而不是游手好闲的二流子。**

我经常和我的编辑讲:"你们写的播音稿会对社会造成巨大的影响。人们在作重大决定时会参考节目上播出的观点。所以,不要轻视你们的工作。"我在物色项目负责人时,通常不会找那些坐等机会降临的人;我放心的是那些真正上心工作的人。

在采访世界最大的广告公司 WPP 集团的首席执行官马丁·索罗时,他向我讲述了自己对上心工作的体会。他说自己是一个慢熟的人:"40 岁那年,我进入了男性更年期。回顾自己的事业轨迹,又重温最初的梦想,两者之间的差别让我痛下决心、下海单干。创立之初,WPP 只有包括我在内的三名员工。我们挤在只有一间房大小的办公室里工作。创业的感受在心理上和感情上就好比孕育一个新的生命一样。我们必须把工作放在心上,喜欢它,充满激情地对待它。只有在做能给自己带来快乐的事情时,我们才能取得最大的成功。虽然这句话听起来有些老生常谈,但是如果你纯粹以挣钱为事业的出发点,以我的经验来看,取得成功的可能性就会微乎其微。但是如果你是为了自己的梦想而努力,成功对你来说可能会是水到渠成。而且,你会愿意把所有的时间都花在做自己喜欢的工作上。在我看来,收入上百万、上亿、上百亿的人未必就是成功的人,因为他们只是在刷新数字记录而已。我们都应该寻找属于自己的成功。我创办了自

己的公司,当你也有机会创办自己的公司时,你也会像我一样比任何人都牵挂、眷恋和热爱自己的公司。因为这不是一份别人雇你来做的工作,而是一项你每天 24 小时、每周 7 天都上心盘算、悉心照料的事业。我很喜欢新传媒、消费者的洞察力和从无到有的创业历程给我带来的挑战。"马丁的公司从两名员工开始,现在已经发展到了雇佣 133 000 人,市值 70 亿美元,营运范围遍及 106 个国家的国际商业巨头。

马丁接着说:"在这里我可以用得上英国著名足球教练比尔·香克利说过的一句话。香克利是利物浦足球俱乐部的教练。他常说:'足球不是一项生死攸关的运动——它比生死还要重要!'用在我身上就是:WPP 不是一项生死攸关的事业——它比生死还重要。公司的每一件事情我都会放在心上。"

加德纳财富公司的首席执行官克里斯·加德纳成功的动力也是心系工作。威尔·史密斯主演的电影《当幸福来敲门》就是改编自加德纳的真实经历。加德纳在做推销员时,业绩惨淡,一度流离失所。但他却从未放弃过成功的理想,最终凭借自己的努力在芝加哥创立了一家市值上千万美金的投资公司。一路走来,支持他的动力就是他对儿子承诺:在儿子遇到困难时给他支持与鼓励。曾经的时运不济让他一度无家可归。他应聘了华尔街上的每一家公司,最后终于被添惠公司的培训计划录取,但与其他的培训生相比,他不但一点都不出挑,而且居无定所。我问他:"与你一起参加培训的人中,有谁了解你的艰难处境吗? 有人知道你有时晚上就睡在公司的桌子下面吗? "

他回答道:"没人知道,他们也不需要知道。他们只需要知道,我每天都按时上班,努力工作就够了。我所做的是零售经纪业务,但由于受级别的限制,我的业务主要就是数字。具体来说,我每天要打 200 通电话。我当时就想,在拿起听筒处理业务的同时,我也在摆脱自身的困境,为下一代创造更好的生活。"

当谈起成功的秘诀时,他说:"说句实在话,我觉得大家应该找到自己真正喜欢的东西。一旦找到了,你就会非常有激情,迫不及待地希望太阳早点升起,恨不得把时间都花在喜欢的事上。金钱和财富是成功最不重要的组成部分。 玛丽亚,我现在有个其他富人没有的问题:我晚上睡不着,因为我白天太开心,笑得太多,晚上睡觉时脸上的肌肉会疼。"

击败刻板印象

我已经被问过不下一千次"在男性主导的金融业作新闻报道是什么样的感受?"这个问题提得很好。在纽约证券交易所走一圈你就知道,在黑色西装的海洋中,女性身影寥寥无几。我在 CNBC 的一位同事曾经开玩笑说:"纽约证券交易所99％的女性和我都是同事。"华尔街的环境里确实存在着这样那样针对女性的障碍,但一直以来,我都相信自己可以克服这些困难,并且享受挑战所带来的乐趣。

梅雷迪思·惠特尼是一名睿智的银行分析师。我很欣赏她的观点。她曾担任奥本海默事务所的常务董事,现在她创立了属于自己的梅雷迪思·惠特尼咨询集团。她天赋异秉、胆识出众、能够准确预见商业趋势、并且能顶住压力,提出自己认为正确的观点。她一早就旗帜鲜明地对花旗银行和其他的一些银行的潜在风险提出警告,也因此承受了巨大的压力。但是呼啸而来的金融风暴最终印证了她的预测,证明了她是对的。她告诉我:"不要说你是女的了,哪怕你是一只癞蛤蟆都不要紧。作为一名金融从业者,最重要的是你要有好的点子,能够为客户创造财富。"她说得很对。我俩很像,都注重实打实干而不去理睬流言蜚语。她告诉我:"是不是女的都不要紧。从根本上来说,要做好金融工作就要有良好的职业操守,要敢于承担一定的风险。目前,客户急需的就是在恶劣的市场环境下依然能够作出优秀的投资选择的人才。我现在做的就是这样的工作。虽然现在我的睡眠时间严重不足,但是正是公司的成长期,打铁要趁热,我绝不能松懈。"

当然,我也并不是说女性朋友就没有自己的困扰。人们喜欢品头论足,女性的长相更是人们茶余饭后的重点话题。如果在媒体或娱乐圈工作,美貌可能会为你带来一些机会,但想要谋求长远的发展的话,还是要靠专业知识,经验和职业道德。对女性采取以貌取人的做法就等于用单一的刻板印象去概括一个社会族群一样愚蠢。2009 年,奥巴马总统提名索尼亚·索托玛约尔成为了美国高等法院历史上第一名拉美裔的大法官。全国城市联盟主席兼首席执行官马克·莫瑞尔,对此作出了有趣的评价。他告诉我,虽然对于美国的少数族裔来说这是一个重要的里程碑,但是索尼亚·索托玛约尔之所以能担此重任是得益于她卓越的学术水平,专业的法律知识和杰出的司法表现,而不是她的少数族裔身份或是性别。她凭借着实力取得了成功的故事,就是万事皆有希望的绝佳例证。对于广大的青年朋友来说,她的事迹证明了有志者事竟成的道理:**不管出身何处,通过坚持不懈的努力,每个人都能实现自己的梦想**。

在事业发展的过程中,我遇到了不少的困难,但我都一一解决了它们。我为自己能够跨越这些障碍而自豪。我之所以能够克服这些困难,靠的并不是我的外貌或是性别;而是因为通过辛勤的工作和学习,我掌握了一定的新闻技能,可以熟练地应对各种问题。

用自己的标准衡量成功

每个人都有自己看待成功的标准,所以我们都应该定一个自己的成功标准。最近,我读到了一篇关于奥普拉的报道。报道说,奥普拉因为身体胖了几磅而对自己感到失望。也许大家会说,不会吧,她可是奥普拉啊! 世上有的,她全有了。她为什么会拿体重来为难自己呢? 很明显,奥普拉一定还有其他的成功标准,但是我却明白她为什么这么在意体重。我最清楚不过,在全世界观众众目睽睽之下长胖是一种什么样的感觉了。我们都会对自己设定一些标准,而奥普拉就把体重当做衡量自己是否成功的指标。在一天结束的时候,只有我们自己最清楚自己是怎么度过一天的生活的。只有我们自己才知道,自己是否达到了自己的要求。也只有我们自己才知道,我们是否对自己满意。

当我们在思考成功的问题时,我们可以做这样一件事情:**如果你觉得自己是命运的主人,你不妨问问自己,你的衡量标准是什么? 要是你能答得上来,那么即便是在逆境中,你都可以找到一种控制感和安全感。**

创建自己的成功标准时,有两点很重要。首先,你为自己提出的目标应当是切实可行的。如果你只有 1.58 米左右的身高,却想成为美国男篮职业联赛的球星的话,那就有点不切实际了。我必须一再地强调,人贵有自知之明。其次,尽可能地将成功的定义与个人内在涵养联系起来。

就让我们建立起衡量自我成功的标准吧。把这些标准写下来,每周末都抽时间看一看,反思一下自己一周以来的行为、态度和成就是否与自己定下的规

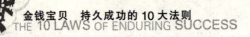
矩相一致。与其去理会别人的看法,不如直面自己的内心。如果能养成这样的习惯,那么这种做法就会成为我们本性的一部分。在人生和事业中,难免会遇到挫折。但是只要我们能够找准自己的定位,牢记自己的目标,我们就永远都不会迷失。

VISION

远见

坚持梦想脚踏实地

2009

年 1 月 20 日, 我有幸在华盛顿特区见证了奥巴马总统的就职仪式。那天虽然出奇的冷, 但是特区的街道上依然人山人海。他们欢欣鼓舞, 脸上都绽放着喜庆的笑容。我从来都没有亲身感受过当天人群散发出的那种乐观。如果要拿出一张当天的照片来看, 毫无疑问, 得出的结论必定是:做美国人真好! 这样的结论与政治完全无关, 仅仅是一种民族自豪感的自然释放。

目睹这样的盛事, 我不禁联想到:有远见的领袖果然具有号召力。虽然当天声势浩大的集会并没有改变今天经济不景气和美国依然在伊拉克驻军的残酷现实, 但是奥巴马提出的实现重大变革的前瞻性倡议却大大地振奋了美国的人心。整个美国都紧密地团结在了这个伟大的愿景之下。就职当天, 抛开了个人的政治信仰之后, 每个人都感到了团结的力量, 因为大家都共同期望奥巴马提出的那个充满希望的未来。

尽管远见是成功必备的素养, 但它并不是只有世界领袖们才有的专利。每个人在经过悉心的培养之后, 都可以将眼光放得更远。远见不仅仅是雄辩滔滔的口才;它也比魅力来得更加深刻;它是创新、激情、灵感和高效的基础。远见就是用一只眼睛展望未来, 用另一只眼睛注目现在——通过当下稳扎稳打的努力创造更美好的明天。

奥巴马角逐 2008 年民主党总统候选人提名时,曾有人讥讽他从幼儿园就开始计划着当美国总统。虽然幼儿园的孩子们是不会作这样长的打算的,但是很明显,奥巴马在年轻时就为自己的人生制订了长远规划。从小到大,艰苦的成长环境并没有让奥巴马气馁。他展望了自己的未来,并制订了实现自身理想的周密计划。这一点上,我们都要向奥巴马总统学习。

我们的志向是什么?

2009 年 1 月,美国人民还见证了另一起令人难忘的事件。1 月 15 号,从纽约飞往北卡罗莱纳州夏洛特市的美国航空公司的 1549 次航班在起飞后不久就撞上了一群天鹅,飞机引擎严重受损。57 岁的飞行员切斯利·萨伦贝格(简称萨利)将飞机成功地迫降在了哈德逊河的冰面上。机上乘客全部获救,这一起迫降被称为哈德逊奇迹。

几天后,我和我的朋友加里·卡斯帕罗夫一起共进晚餐。我与他在 10 年前的一次会议上认识,后来就成了好朋友。我很欣赏他的善解人意、勇敢无畏。他准确的直觉给我留下了深刻的印象。他是国际象棋的世界冠军,在俄罗斯享有英雄级的待遇。他凭借着自己的名气在俄罗斯成为了一名政治活动家。2007 年,他由于参加反对普京的集会被捕。事后, 我问他:"你为什么要在俄罗斯做这么危险的事? 你在美国有自己的房子,有自己的妻子和女儿。以你的实力完全可以在美国做自己想做的任何事情,为什么要跑到俄罗斯去冒这么大的险呢? "他很简单地回答:"玛丽亚,我必须这么做,因为我爱我的祖国。"这就是加里。

加里和我谈到了哈德逊奇迹。他说:"萨利的人生经历让他可以在关键时刻拯救机上的乘客。"

他简短而睿智的评论让我突然静了下来。这是一个多么有趣而犀利的观点啊! 萨利干了 30 年的民航飞行员,在此之前,他还驾驶过战斗机。虽然他年纪有些大,但离退休还有一些时间。他的飞行生涯中从未出现过事故,而就在鸟撞发生的一刹那间,他一生之中所积累的经验、智慧和果敢突然发挥了作用,拯救了所有人的性命。我想,萨利大概从来都没想过这样的事情会发生,所以也从未准

备过应急措施。然而当死神向他挑衅时,他勇敢地作出了回应,捍卫了生命的尊严。

和加里吃完晚餐后,他的话还久久地在我脑海里回响。我开始思考命运之神究竟为我准备着一个什么样的将来,这样的思考让我异常兴奋。每个人都应该思考这个问题。一些特殊的职业——如飞行员、警察或者军人——经常要面对瞬息万变的局面,每秒钟都可能有突发事件出现,因此,这些行业的从业人员需要具备极强的应变能力。每个人在学习和生活中,都应该注重培养应对突发事件的能力。谁都说不准下一刻会不会爆发危机。弗吉尼亚理工大学的利维乌博塔·利布雷斯库教授是一名 76 岁的反犹大屠杀的幸存者。在校园枪击案发生时,他用自己的身躯保护学生,抵挡住了歹徒射出的子弹。他舍生取义,用自己的生命拯救了学生。尽管他在纳粹占据罗马尼亚的时期经受过严酷的历练,但他未必料到过枪击案会在他的教室中发生。目前多数行业都不为员工提供应对突发事件的培训,但从这件事情上看,也许企业的老总们应该考虑专门为员工提供此方面的训练。

迅速采取行动应对突变的能力是远见的一个重要组成部分。远见是一个很大的词语,因此人们往往会以为它是一个空泛的概念。但是在现实生活中,远见其实是由纤细的部分所组成的——比如我们为实现理想而付出的努力。在采访中,萨利曾多次表示他只是在做自己的工作而已。其实生活就是做自己的工作。有远见的人善于制订自己的计划,而没有远见的人则难以领导团队,更不用说取得成功了。

培养智慧

整个世界已经发生了巨大的变化。最近爆发的金融危机让我们猝不及防。许多人都没有经历过金融危机,所以很难适应新的经济环境。正值危机肆虐的时候,我为我的老板、通用电气的董事长兼首席执行官杰夫·伊梅尔特主持了一次晚宴。约 20 名来自美国国内的主要投资商出席了晚宴。我想知道,在面对着有史以来最糟糕的经济形势时他们的感想和计划。在餐桌上,尽管大家聊得别开生面,但谈的还是那些我们早已司空见惯的话题。有人说,市场出现波动在所难免,但是最终还是会稳定下来。又有人说,我们应该坚持作长线投资。还有人说,从股市在历史上的表现来看,股票与其他的投资方式相比,依然是最佳的获利渠道。这些所有的评论都是专家们在任何市场条件下都会讲的老生常谈。

不过,迈克尔·斯坦哈特的发言却改变了宴间的气氛。他不仅是公司的主要投资商,还是一名对冲基金经理和慈善家(还是我丈夫工作的智慧树公司的董事长)。他用低沉的嗓音开始了自己的发言:"在座各位的智慧去哪里了? 现在的危机是前所未有过的新情况,与上次的经济危机有着本质区别,因此,我们也应该采取新的应对方法。我们能采取什么新的措施呢? 我们打破常规创新思维的能力哪去了? "他的声音虽然很轻,但是他的话却掷地有声。

在座的所有人都在迈克尔的启示下幡然醒悟,餐桌上的话题开始转向如何解决他所提出的问题。我不敢说有谁在宴会上提出了金融危机的破解之道,但是迈克尔的发言让我们摒弃了传统思维,并认识到了新情况的特殊性。

经过一番深思熟虑,我意识到一直以来自己都是用旧的范式去解读新的金融危机。新的经济情况对我来说是完全陌生的,因为一直以来我都习惯了牛市。过去数年里,自由市场经济一直运行良好。而突如其来的金融风暴,让我过去从牛市中学到的经验在新的条件下不再适用。因此,我要挑战自己,突破以往的思维定式。

然而矛盾的是,在用新思维应对新局面的同时,我们还需要从历史中汲取教训。我们总是好了伤疤忘了疼。这样的心态就好比挺过了一场飓风之后就以为再也不会有飓风发生了一样。1999 年以来,我们已然目睹了四次市场泡沫的破裂:互联网泡沫、油价泡沫、房地产泡沫和金融泡沫。每次泡沫的破裂都让我们为之动容,但是惊慌之余,我们又吸取了什么经验教训呢? 我们有没有充分地了解每次危机的起源是什么呢? 以房产市场为例,房价飞涨的时候,大家都以为全美的房价会保持火箭般的增长速度。那段时间,房价的确屡创新高,但是增长的原因是什么呢?是因为铺设了更好的道路?建造了更好的学校?建起了更漂亮的房子?都不是——房价增长的主要原因是疯狂的投机活动。现在,房地产市场开始逐步复苏,我们如何才能防止它再次崩盘呢? 毋庸多言,我们非但绝不能被市场的烟雾和假象所迷惑,而且还要动用自身的智慧作出正确的选择。著名国际投资大

鳄、财经评论专家吉姆·罗杰斯曾告诫我："保持批判性思维,始终质疑大众的声音和举动。记住一句老话:如果一件事好到不像是真的,那它多半就不是真的。"2008 年的金融危机和之前的互联网泡沫有两个共同点：在危机来袭之前的很长一段时期内,市场都充满了狂欢的气氛——所有人都以为泡沫会越吹越大,不会爆裂——几乎没有人能够冷静地规劝投资者们脚踏实地。所有的人都被盲目的狂欢冲昏了头脑。

日常生活中,我们对于信用制度的过度依赖造成了一场信用系统的全面崩溃,从而也让许多人失去了成功的机会。信用卡的卡债危机反映了传统智慧的遗失。信用卡是虚假的消费力,是假钞。因为有了信用卡,我们欺骗自己,以为自己可以买得起超出自己消费水平的商品。我一点都不喜欢信用卡,几乎从来都不用信用卡。买东西的时候我都用借记卡,我花的是自己存在银行里的钱。

信用卡消费背后的心理和我们对待经济泡沫的态度如出一辙,而值得警醒的是,泡沫差点毁掉了美国的金融系统。很明显,我们现在需要建立一个新的消费模式。我们每个人都可以通过依靠自身的判断、透过纷繁的乱象,认清事务的本质来对这个模式的建立作出贡献。不管你是正在考虑前程的学生,还是谋求进一步发展的职场老手,或是努力找准市场脉搏的投资客,在百思不得其解之时,不妨静下来问一问自己：成功的定义发生了怎样的变化？ 哪些旧的事物已经终结,哪些新的事物即将开始？ 哪些人事是可靠的,哪些是不好的、不真实的？ 研究一下过去发生的事情:以史为鉴,可以明得失。反思过去,我们可以从历史的潮涨潮退和风云人物的得势失势中得到什么启发？ 又如何将这些启发应用到自己身上呢？ 我们一直以来是不是都生活在一种不切实际的幻想中呢？ 我们是不是在透支未来,超前消费呢？ 让我们动用智慧,脚踏实地地生活吧。

保持自己的求知欲

比尔·盖茨夫妇的家坐落在美丽的西雅图市,这座豪宅俯瞰着整个瑰丽的华盛顿湖。但是这所科技巨人府邸的中心却是一座古色古香的图书馆。走进这间巨大的房间,映入眼帘的是精美的手雕书架和圆形的穹顶。置身其中,仿佛沐浴在历史的长河之中。触目所及的地方,你会惊奇地发现,图书馆里竟没有一台电脑。

取而代之的是许多饱含文化底蕴的器物——林肯解放黑奴宣言的临摹、达芬奇手迹的副本、本杰明·富兰克林的信件的复刻。在其中的一封信件中，富兰克林写道："睡得早，起得早，聪明、富裕、身体好。"

我站在图书馆里，出神地思考图书馆中的摆设所透出的道理。其实图书馆的构造很能折射比尔·盖茨的性格特点。在比尔·盖茨举办的年度首席执行官技术峰会上，我到访了他的庄园。我受邀主持一场有关经济前景的讨论。虽然盖茨已辞去了微软的领导要职，一心经营他的基金会，但在他依旧深爱着的信息技术行业里，他还是一位领军人物。

尽管盖茨拥有千亿家产，但真正令人刮目相看的，还是他自身非凡的能力。我在许多场合都采访过这位巨人，他给我的印象是：绝非等闲之辈。他对于每一个关乎民生和社会进步的话题都显示出浓厚的兴趣。在与会的商界领袖参加的晚宴上，盖茨的发言总是比其他人更加精彩。发言内容的范围之广闻所未闻：从企业税的税率到新能源，从技术发展的趋势到非洲的疟疾蔓延。

他立志于改变世界。他的成功源于强烈的好奇心和为了改良世界而从未停止过的努力。他是一名勇于创新的发明家。不管是设计新的软件程序，还是为运送抗疟疾药发明新的冷冻系统，或是在桥牌比赛上击败他的好朋友巴菲特，他都乐此不疲地陶醉其中。他周围的人也像他一样极富好奇。在微软或是比尔与梅琳达·盖茨基金会工作的人也像盖茨般的热情与专注。

虽然强烈的好奇心并不是每个人天生就有的，但是我们还是可以通过后天的培养来获得。首先，我们要跳出自己熟悉的领域。然后，还要多和生活经历与自己完全不同的人相处、阅读自身专业以外的书籍、多和与自己意见不同的人交谈。我们要经常推敲自身的想法，反思什么是可能发生的，什么是自己相信的。只有这样，我们才能反复地修补自己的思想。

构想一个完全不同的世界

2009 年，比尔·盖茨同名的父亲出版了《盖茨是这样培养的》一书。他的儿子比尔·盖茨为他写了前言。短短两句话的前言却道尽了此书的奥义：

爸，下次要是有人再问您是不是真正的比尔·盖茨，我希望您回答他："是"。我希望您告诉他们，您一直以来都是另外一个比尔·盖茨做人的榜样。

盖茨对父亲的评价亲切感人，而他的父亲对这样的赞扬自然也当之无愧。老盖茨并不经常在公众的视野中出现，他喜欢低调的生活。2009 年 5 月，通过对他的采访，我才发现这位 83 岁的老人很早就是盖茨基金会的幕后推手。与他交谈的过程中，我进一步地理解了盖茨家族的故事：盖茨小的时候就耳濡目染了双亲和祖母的无私精神和认真的生活态度。

老盖茨生于 1925 年，经历了美国经济的大萧条时期。他告诉我："我住在布雷默顿（西雅图周边，贯穿普吉特湾的一个社区）。像当时全国各地的人一样，我家的经济也非常拮据。有大量的居民失业，我们所在的地区出现了一片片的棚户区。里面住满了无家可归和穷困潦倒的人们。似乎无人能够幸免这场经济危机。在这样的背景下长大，我自然而然地培养了自己的价值观——有时候，贫穷只是因为时运不济。于是，我也认识到，自己随时都有可能变得一无所有。"

作出这番深入思考的时候，他还处于孩提时期。他自身对世界的理解和家庭的教育奠定了老人所信奉的"人人平等"的思想。而通过言传身教，他的子女也传承了他的价值观。

老盖茨一生从事法律事业。凭借自身的努力，他取得了事业上的成功。在从事法律事业的同时，他还热衷慈善活动。他和妻子玛丽（1994 年过世）育有三个子女——克里斯蒂、比尔和利比。他们非常重视培养子女的集体精神。他曾说："玛丽和我都在注重集体教育的家庭中长大。由于看到了父母对集体的回馈，我们打小就已经习惯了对集体作出回报，所以我们也就很自然地用同样的方式教育自己的子女。克里斯蒂、比尔和利比就是在这样的教育下成长起来的。我们家族的观念认为，善良的人乐于分享。"

让我们从上面的故事快进到威廉 - 盖茨基金会的建立（后来被称为比尔和梅琳达·盖茨基金会）。对于这一段往事，老盖茨历历在目："那是 1994 年的秋天。我的工作量开始逐渐减少。那天，我们在一个剧场门口排队进场。比尔在排队的时候向我倾诉了他在处理微软收到的慈善请求上的力不从心。为了解决他的问题，我们作了一个交易。我说：'你把所有的慈善请求的信都交给我，让我来阅读这些信件。看完之后，每个月我来找你一次，跟你共同研究这些问题的解决方案。'本来我们是计划这么干的。但是不到七天，他就打电话给我，说：'爸爸，那天我们谈话之后，我又和梅琳达商量了一下，我们决定建立一个专门的慈善基金。'"比尔·盖茨这样做的想法是既然自己抽不出太多时间，不如就找父亲老盖茨来完成这项慈善事业。微软首次拨款就给了基金会 1 亿美金。

我很好奇这个平常十分安静的家庭为什么会突然间想起要解决世界级的难题？诚然，他们手上有很多资源；但是真正办起事情来，需要的可不仅是资金。他们如何孕育出这样的愿景呢？他们是如何作出这一决定的呢？

老盖茨告诉我："开始的时候，我们并没有什么特别的想法。我们只是想和其他人一样，尽自己的绵薄之力做一点慈善。我们的想法都还局限在本地做慈善。但是后来发生了一些事情，我们的慈善理念也出现了巨大的改变。有一次，比尔·盖茨和梅琳达在《纽约时报》上读到了一篇有关落后国家医疗水平的文章。文章提到，由于医疗水平的低下，一些在发达国家根本不是问题的事情在欠发达地区却要造成每年上千万人的死亡。盖茨夫妇读了这篇文章后深受触动，他们对我说：'爸，也许我们应该就这个问题做点什么。'我说：'当然要做!'这件事情是一个很大的转折点。"

从事慈善事业背后折射出的是比尔和梅琳达·盖茨基金会的核心价值观："人人生来平等。"从两人内化了这条价值的那一刻起，基金会的愿景就出现在了他们眼前。他们可以设想出一个不一样的世界，然后通过每年捐赠 15 亿美元来实现这个伟大的目标。

比尔和梅琳达深信"人人平等"的理念。他在 2009 年 2 月举行的技术、娱乐、设计大会上作了一次别开生面的演讲，向听众们生动地讲述了"人人平等"的理念。会场中坐满了技术专家、政界名流和娱乐巨星。盖茨向观众们介绍了他的基金会在对抗非洲的疟疾蔓延上做出的努力。人们礼貌地听着，他们对这样的演讲再熟悉不过了。但是盖茨认为他们需要一个身临其境的示范。于是他想了一个好点子。"疟疾是由蚊子传播的疾病，"他边说边举起了一个装满蚊子的瓶子："今

天我就带来了一些蚊子。我要把它们放出来在四周飞飞。没理由只让穷人感染疟疾，大家也体会一下疟疾是什么滋味吧！"于是他打开瓶盖，把蚊子释放到了屋子里。霎时间，人群中惊呼声此起彼伏。盖茨赶紧接着说，这些蚊子并没有携带疟原虫，他只是希望让各位尊贵的听众都能身临其境地体会疟疾的危害。他将听众的想象力延伸到了饱受疟疾侵扰的地区，让他们亲身体验到了疟疾的可怕。他的这一出"蚊子惊魂"让听众们看到了另外一个不同的世界。

激励别人

2009 年 3 月，我在伦敦采访 G20 首脑峰会。采访过程中，我目击了许多重大事件。其中，最牵动我内心的事件就发生在会场之外。当天，第一夫人米歇尔·奥巴马参观了位于北伦敦地区的伊丽莎白·加勒特·安德森语言学校，出现在了 200 位来自旧城区的贫困女学生面前。她饱含深情地对女孩们讲："你们每一个人都是这世上的珍宝，你们每一个人的故事都让我深深地感动。所有人都应该知道，在世界各地都有像你们这样的好女孩。"她明白这 200 位女孩每天都要克服着生活中无数困难，于是她与她们分享自己的故事："要是根据我从前的生活经历，没人会想到我今天会站在这里与大家见面。我的成长就是一个很好的例子：只要女孩们从小就受到家庭和社会的爱戴和栽培，她们就能取得一切成功。我希望大家都能有一个最好的前程。我相信大家一定可以的，我爱大家！"然后，她亲切拥抱了身边的每一个女孩。

看着米歇尔·奥巴马，我再次意识到我们几句温暖的话语可以为别人带去多么巨大的力量。不管出生背景如何，年轻人都是如此地渴望受到激励，渴望别人看到他们的潜力。我确信，这些女孩将永远不会忘记美国第一夫人对她们所说的话——今后的 10 年或 20 年，我们会听到她们回首当天所说的话。她们一定会说，在那一刻，她们确信了自己可以取得一切成功。

约旦拉尼亚王后是另一位不吝激励的典范。她生活在一个妇女受到歧视的国度，在那里她孜孜不倦地为妇女儿童争取权益。在国际上，她可以算得上是一位真正值得我们学习的楷模。她常说："教育了一位年轻妇女，就教育了一个家庭。教育了所有女孩，就教育了未来。"

鼓舞人心的话语无论是对于个人还是对于社会文化都能产生一种积极的变革。鼓励并不是空话,因为语言之外还有实质的内容。一位朋友曾经告诉我:"马丁·路德·金没有说:'我有一个商业计划。'他说的是:'我有一个梦想。'"他的梦想是人种平等的伟大愿景。正如马丁·路德·金所说的一样,只要你知道了自己想去哪里,就可以带着别人一起去了。

想象一下我们每个人都可能对新一代年轻人的影响。我们每一天都有机会去帮助那些年轻人,对他们的生活产生积极的影响。无论什么时候,我们的鼓励都可以为别人带去无限的可能。我们有能力做这样的事情。如果回想一下,我们大家都能够找到一位因为言语而改变了我们生命轨迹的人。

我有一个心得:**不是非得处在事业的巅峰上时才能给别人鼓励。无论你身处什么地位,总会有人以你为榜样。如果你是一个年轻的商人,就回到母校去与在读的学生交流交流吧;如果你是一名大学生,就回到高中同中学生聊聊;如果你是一名企业家,回到自己的社区去帮助有需要的人。做一个让别人记住的人,帮助他人建立理想。**

解决下一个问题

内尔·梅诺一直致力于解决妇女在社会生活中遇到的问题。她有许多创造性的思想,例如她提出的带女儿上班日已经成为美国妇女生活中的一部分。内尔能够像激光一样专注地研究问题,从而找出可行的解决方案。 1999 年,她与合伙人共同成立了名为"算上我——妇女经济独立"的在线服务机构,旨在为女企业家提供贷款、咨询和教育方面的服务。不少女性在商业中挣扎、入不敷出的现象让她坐卧难安。有一天她读到了一份女性拥有的企业的统计报告,报告的结果让她不寒而栗。"她说:"最令我吃惊的是,在 105 万家妇女拥有的企业中,只有 24.3 万家的毛收入突破了 100 万美元。我真的要坐下来好好想想,为什么男性拥有的企业中,毛收入突破 100 万美元的就有 100 万家。"

因此, 内尔决定采取措施改变这个不公的现状, 用实际行动解决下一个问题。 2005 年她推出了"创立我的百万公司"(简称 M3)活动,定下了宏伟的目标:帮助 100 万名妇女企业家实现毛收入 100 万美金的突破。她还在全国各大城市

开展了一系列商务竞赛，参加比赛的女企业家的公司收入都在 25 万美金以上。由专业评审团评出比赛的优胜者，奖励是获得专业的金融与商务辅导等一系列协助，以帮助她们达成百万收益的目标。这项宏大的活动取得了圆满的成功。究其根本原因，还是由于内尔坚定地相信自己可以改变社会的不公。

内尔的行动不仅帮助了女企业家们取得成功，她还把自己的行为看做是振兴经济的一种努力。当我问她有什么长远的目标时，她回答说："让 100 万名妇女的年收入达到 100 万美金，创造 400 万个新的就业机会，为国民经济注入 7 000 亿美元的资本。我一定能等到这些愿望都实现的那天，我一定能。"

远见就是要有先见之明，能够前瞻性地思考，善于解决下一个问题。真正有远见的人既不自满，也不会满足于现成的答案：他们会一直努力创新。畅销书《杂食动物的两难》的作者迈克尔·普兰跟我谈起他的另一本书《捍卫食物：食客宣言》时，我以为他会说些饮食方面的话题。但他真正想要传达的信息却是保健卫生："设计美国医疗系统的人并没有意识到饮食对于医疗体系的巨大影响。"我意识到，迈克尔是一个非常有远见的人。他的眼光并未局限在餐盘中，而是投射到了国家的未来政策之上。

米尔肯研究所的创办者迈克·米尔肯，对于医疗体系也有类似的看法。全美上下就医改问题辩论得如火如荼的时候，似乎所有人都在讨论如何低成本地为 470 万没有医保的美国人购买保险。但是迈克却锋头一转，矛头对准了肥胖问题。他质问："有没有人知道，企业在肥胖者身上的医疗支出是花在吸烟者身上的 4 倍，因为肥胖人群更容易患上糖尿病和心脏病。"按照迈克的估算，70% 的医疗支出都与个人的生活方式和行为习惯有关。迈克跳出了医改筹资方式的僵局，转而探索个人能够为医改作出何种贡献。迈克的愿景就是让每个人都参加到讨论中来，让大家明白医改与我们每个人都息息相关。

不是只有财大气粗的人才能实现自己的愿景。伟大的想法往往诞生于最平凡的地方。弗雷德·史密斯在耶鲁大学求学时曾担任纽黑文机场的临时包机飞行员。机场的主要客户是高新企业。在飞行的工作中，他察觉到了当时的航运系统远远不能满足日益增长的电脑配件运送需要。弗雷德通过观察得出了一个简单而深刻的结论：未来的趋势是自动化。他告诉我："未来自动化的世界需要一个完全不同的物流体系，全国各个地方的客户都将能享受到无差别的物流服务。"在这个构想的基础上,他专门写了一篇学期论文,详述了建立新型运输公司的商业企划。不过他的教授对此却并不以为然,只给了弗雷德一个中等的分数。

弗雷德当时还只是一名学生,一没钱,二没技术,所以就没能立即实现自己的构想。然而他却从未停止过完善他的构想。毕业之后,他加入了海军陆战队,投身越南战场。在钻研了军队的后勤系统之后,他决定将心得应用在即将启动的公司中。退伍后,他开始将自己的计划付诸行动。1971 年,他靠着自己继承的一些遗产和几位投资者提供的经费创立了联邦快递。条理清晰的远见为弗雷德的成功奠定了扎实的基础。

警告:如果有愿景,就一定要用行动来实现。最近几十年,美国从一个生产商品的国家转变成了一个生产货币的国家。我们竟然将声称能够创造利润但却没有实业支持的金融产品称为创新。这些金融产品确实盈利了一段时间,但不久之后就再也卖不出去了。于是,它的增长就很快见底——而它们的底部没有任何实体经济的支撑。真正的愿景能够转化为持久、有形的东西。《价值》杂志的创办人兰迪·琼斯在与我讨论他的新书《城里的首富:财富的十二戒》时,很好地例证了这一点。兰迪找到了美国 100 个城市的首富,专门研究了他们成功的秘诀。他发现他的研究对象都有一个共同的特点——他们并不勤于制订目标,而是专心于执行既定的计划。他对我说:"不付诸实际行动的远见就是空想,行动决定一切。我常常很吃惊地发现,所有的富豪们根本就没有什么伟大的计划。他们只是每天都坚持把手头的事情做得更好。"

在伟大的梦想和现实之间找到平衡

美国是一个最不缺少伟大梦想的国度。"梦想越大越好"长期以来都是许多人信奉的法则。我们的自我认识中这种想法根深蒂固,所以在金融危机来袭之前,几乎就没有几个人看到危险的前兆,也没有人认识到长期快速的畸形增长是不可持续的。但是,有名叫大卫·沃克的人却一早就看到了问题的所在。金融市场

崩溃前夕的 2007 年年中,时任美国总审计长的大卫公开地批评了政府的浪费性开支。他最生动的比喻是:美国就如同覆灭前的罗马帝国。毫无节制的跨国收购和不负责任的财政政策动摇了国民经济的根基。他警告:"随着战后生育高峰的一代的美国人临近退休,医保开支的日益增长、储蓄率的直线下降和对外国贷款的持续依赖,我们将面临前所未有的财政风险。"尽管当时大卫对经济作出的常识性预测,让很多人听起来都很刺耳,但到了 2008 年,随着金融危机的爆发,他的预测逐一得到了验证。

2008 年大卫从政府离职,转任彼得森基金会的总裁兼首席执行官。该基金会旨在宣传和推广金融责任的理念。他的一生都致力于帮助整个民族找到梦想与现实之间的平衡。当我问及大卫对成功定义时,他告诉我,年轻的时候自己把家庭和个人职业生涯看得很重,但上了一定年纪之后,他认为成功就是要报效祖国。我问他谁是他成功的榜样时,他回答说:"西奥多·罗斯福。他童年时期就克服残疾,完成了伟大的事业。他是一位进步人士、财政上的保守派、国际主义者和环保主义者。即便可能不为大众所认同,但他还是依然坚持做正确的事情。"

哈佛大学商学院商业管理专业的古拉蒂教授强调,我们在实现愿景时,总是过分强调重大的转变。他跟我说:"生活中,我们会遇到许多转变。而人生就是在大大小小的变化中寻找平衡。"他用了一个棒球的"小球理论"来说明自己的观点:"生活就好比一个棒球场,我们只能偶尔地打出本垒打。在没有本垒打的时候,我们依然需要生存,需要做该做的事情。所以尽管我们偶尔可以打出本垒打,但大多数时候,我们只能打出一般的进球。"而只要不断得分,我们就能够为成功积累资本。

在生活中,一般的得分和本垒打一样重要。许多人把成功当做一个终点,他们努力的目标就是到达终点。但是真正的成功却是一种日常生活中的常态。成功之路很远很长,我们在路上需要一个个小小的胜利来激励自己。如果我们可以学会像对待大的成就一样欣赏和珍惜小的成就,那我们就会离成功更近一步。

拥抱创新

2007 年我为 CNBC 做了一档叫做《创新之道》的节目。制作过程中,商业界的巨子们共聚一堂,激烈地讨论企业的兴衰之道。我们就一些问题展开了深入的讨论:为什么有些公司能够与时俱进,而有的则被时代的发展所淘汰? 随着讨论的一步步深入,我意识到,这个问题不仅对公司非常有意义,而且还关乎个人的发展。我们不妨观察一下周围的人,看看改革成功的人和失败的人在生活态度方面有何不同。

罗杰·施克是这档节目的参与者之一,多年以来,他一直是企业教育方面的领军人物。他成立了著名的西北大学科学研究院,目前还经营着一家主要面对企业和学校的"苏格拉底艺术"网络学习平台。罗杰指出,不管外在的环境怎么纷扰,个人和企业都应该认识到工作和理想的真正含义。他还说,一旦传统变为了僵化,那它就一定会阻碍个人的发展。如果你说"我们是这种企业"或是"我是这种人",你就局限了自己的发展。他说,只有明确了自己的核心使命,才能作出真正的创新。在媒体界,这样的观点尤其明确。10 年前,如果你问 NBC 的老板:"你们是做什么的?"他很可能会说:"我们是一家电视台。"然而,今天如果你再问同样的问题,答案就可能不一样了。他可能会说,NBC 是一家综合企业,通过多种渠道运营新闻、娱乐、体育、商务等产业。

美国哥伦比亚大学的经济学家阿马尔·拜德教授认为,危机能够激发创新。他告诉我:"危机往往能够推广新技术。也许大多数人并不知道这一点,但在 20 世纪 30 年代实际上是整个 20 世纪中生产力增长最为迅猛的时期。还有一个很好的例子:20 世纪 80 年代初,计算机革命开始起飞,而当时我们正在处于经济衰退中。当时信贷市场完全是死水一潭,而且事实证明,信贷并不是科技创新的前提条件。微软公司创立时,没有通过任何的信贷手段筹集资金。所以,最终拉动经济增长的是科技创新:科研人员研发新型产品和服务,消费者承担一定的风险使用新的产品和服务。"

"风险"两个字让我想起了比尔·盖茨的父亲老盖茨跟我说过的比尔·盖茨 1968 年第一次接触电脑的故事。"比尔的母亲和我决定送他去湖滨中学,因为他

似乎和别的孩子不同,我们担心他在公立学校里不能很好地发展。要是我们当时送他去别的学校,那他可能就不是今天的比尔·盖茨了。湖滨中学的地下室里有一台电脑,样子方方正正,看起来像一台老式的电传打印机。比尔和其他三四个男孩们(包括保罗·艾伦)对它产生了强烈的兴趣,花了大量的时间在熟悉电脑和学习软件上面。甚至可以说他们当时就对电脑上瘾了。"

虽然这个故事中,比尔·盖茨与计算机的接触是一次偶然。但是他敢于冒险的精神却使他的成功成为了必然。他摆弄一番铺满灰尘的旧机器之后,就以它为蓝本创造出了技术时代最为成功的商业企业。

问问自己,你是怎样创新的。你有没有勇于冒险的精神?你如何在实现个人成长的同时为国民经济增长作出贡献?你有没有通过自己的工作提高某个现有模式的效率?最近的金融危机有没有激励你做出从前未曾想过的举动?

让阳光照进生活

2009 年 6 月,我造访了谷歌位于美国加州山景市的总部"古戈尔普勒克斯"。我此行的目的是探究谷歌成功的原因。

我采访了不少谷歌的元老,其中就有首席执行官埃里克·施密特。我还在总部的四周转了转,采访了许多来自不同部门的职员。谷歌的总部环境十分优雅,设有一个像公园一样的户外休息区。此外谷歌还为员工提供健身房、排球场和按摩房,所有餐厅均免费开放。总部的中心耸立着一幢巨大的恐龙雕塑,时刻提醒员工:**不创新,就灭亡**。

谷歌的员工享受着大量的津贴。公司这样做是为了保持员工的幸福感。谷歌在工作时间的配置上面可说是别出心裁。他们认为:技术的进步让员工随时随地都能够工作,所以,谷歌的员工可以工作几小时后,就去享受一下按摩或者去打打排球,然后再工作。谷歌在公司的场地里购置了 1 000 辆自行车,放置在总部的各个角落,让员工能够方便地骑自行车在办公楼之间穿梭。

从谷歌总部,我们不难看出,这家公司鼓励社交往来。而作出这样的决定是因为谷歌的管理者相信:当聪明的人可以自由地互动和交流思想时,他们之间就更容易碰撞出创造性的火花。这就与许多公司实行的"幽闭恐惧症"做法大相径庭。僵化落后的管理阻滞增长，降低士气。而谷歌却让阳光照进了工作环境。谷歌有一个概念叫做"百分之二十的时间"。公司允许员工抽出上班时间的五分之一来做他们喜欢做的事情：可以完全不是谷歌的工作。一些批评家认为这项政策太过疯狂：谷歌为什么要平白无故地放弃20%的生产力呢？事实上，谷歌已经发现，充分信任员工，鼓励他们实验并享受工作后，员工的工作效率不降反增。这项政策让员工相信，管理层信任员工，并且尊重他们的想法。我们都知道，企业能否成功运营完全取决于人的因素。谷歌让所有的谷歌人都感到自己受到重视和爱戴，而这不正是所有成功企业所具备的共性吗？谷歌所做的正是杰克·韦尔奇再三强调的：**奖励优秀，让员工们对公司感觉良好。然后，他们才会加倍努力地回报公司。**

我问了很多谷歌员工："为什么谷歌会取得今天的成就。"他们的回答中，多数提及了谷歌的创始人拉里·佩奇和谢尔盖·布林的名字。被访者普遍认为，正是由于两位创始人为谷歌的企业文化注入了"创造"和"远见"的精髓，所以才让后来的谷歌人能够轻松融入公司创新的氛围。员工们在采访时反复表示："我们都知道并且理解谷歌的愿景。"员工们还告诉我，谷歌的创始人们早就设定了一个鼓舞人心的目标：不做邪恶的事情，把世界变得更好；不为了金钱而斤斤计较，解决主要问题。一名员工还对比了他之前在一家媒体的工作："在那家媒体工作时，我们根本不知道自己的任务是什么。而在这里，我们的使命感很明确：整理全世界的信息。"

关于谷歌文化，埃里克·施密特如是说："拉里和谢尔盖成立公司之初就把公司看做一个大家庭。家人做什么呢？他们一起吃饭，一起做有趣的事情。再加上当时他们还很年轻，所以公司的气氛就像大学宿舍一样。在我看来，谷歌就是研究生院的一个自然的延伸——同样的人，类似疯狂的行为。他们都非常聪明、斗志昂扬、乐观向上，并且渴望把世界变得更好。在谷歌工作其实就是不断地学习。美食、津贴和熔岩灯的背后，是谷歌的创新文化。我们的文化让所有的谷歌人都觉得自己可以在这里创造出一些属于自己的东西，可以实现自己的目标。而最终，所有的有识之士都会选择像谷歌这样促进员工个人发展的集体。"

结束了谷歌的行程后，我由衷地体会到：**谷歌秉持着开放和创新的精神**

创立了高技术时代的新型商业模式。谷歌缔造者当初设定的愿景——不畏进步，开放创新，勇于冒险——将会被其他的企业模仿和消化。现在，谷歌的工作环境让许多人羡慕不已。不过也许明天，其他的企业也会向谷歌学习，创造出同样优越的工作环境。

3

INITIATIVE

占据主动

冲破牢笼

1994 年,我作了纽约证券交易所史上的第一次电视直播。为此,不仅仅是我,证券所的交易员们进行了大量的学习和适应。通过报道,证券所内的工作全都展现在了电视荧屏上,我也因此打入了一个"男孩俱乐部"式的工作场所。并不是每个人都能接受我的突然出现。虽然交易所的首席执行官迪克·格拉索大力地支持我的采访,但他们的欢迎并没有到铺红地毯的地步。更实际的是,证交所大厅中没有女卫生间,所以我需要上洗手间的话,还要跑到地下室的女卫生间去。

做第一个吃螃蟹的人,就难免会受到别人的质疑;就难免会有人希望你把事情搞砸。生活的现实就是这样,所以我从来都没抱过幻想。但像其他在男人堆里工作的女性们一样,我也是靠着辛勤工作、友善待人和坚毅的性格来赢得男性同事的尊重的。

在交易所工作了几个星期后,我认识了在 CNBC 母公司通用电气担任做市商的乔治。为人热情、友善的他抽空向我解释了股票交易的原理。他是一位很好的老师,我很感谢他的帮助,所以我当时一直想好好地报答他。有一天,我得到消息通用电气的首席执行官杰克·韦尔奇将会到访交易所。当时我就决定到时候要带着杰克·韦尔奇到处转转,然后把乔治介绍给他,这样杰克就能看到乔治的出色表现。我也感到很荣幸能够带着杰克参观交易所,尤其是参观通用电气的交易席。

杰克到访的前几天,我专程去乔治的交易席通知他杰克到访的事情。他们的交易席里大概有 20 位男交易员在站着工作,四周很安静,他们看起来并不是很忙。我走上前去,轻轻地喊了声:"乔治!"

一个年纪看起来有点大的交易员原本正在一个小本上记录着什么,听到了我的声音后,他猛然转过头来盯着我,脸上充满了愤怒的神色。他冲我狂吼:"滚远点! 不准你再来这儿! 我不欢迎你。你要是敢再来我绝对饶不了你,快滚!"他暴风骤雨般的嘶吼引起了周围所有人的注意。在 25 名交易员的众目睽睽之下,我倍感羞辱。

"滚远点?"我呆住了。工作以来,我还从未受过如此的奇耻大辱。我呆若木鸡地杵在了原地,一动不动,脸涨得通红。周围所有的人都在围观,等待我的反击,但是我心里却异常地紧张。最后,我鼓起勇气,颤颤巍巍地对他说:"别用这种口气跟我说话。"然后,我扭头就走。乔治跟在我背后,不断地向我道歉。我走过人群中的时候,也有几位好心的人低声地安慰我。但是既然此人(我永远都不会提他的名字)已经向我下了战书,我就绝不会轻易地向他妥协。

我打电话给迪克·格拉索,告诉他:"我绝对不能容忍这件事。"

迪克轻叹了一声说:"玛丽亚,你要明白,有人不希望你出现在交易所里。交易所里的人现在还对我们正在做的事情感到陌生。"他解释说,有些人不希望我出现不仅因为我是女性的身份,而且还因为我是一名电视记者,他们不希望自己的工作受到电视节目的抨击。"仅此而已,"迪克说。听完之后,我很生气地告诉他:"实在不行我就不在这干了。要是你还让我在这干,我就不能容忍因为做好了自己的本职工作而受到别人的无端指责。"

迪克安排我和我的"仇人"在他的办公室进行了一次座谈。我得知,这位"仇敌"居然是董事会的成员。那次会议简直是一场灾难。这家伙从始至终连瞄都没瞄我一眼。他显然也是因为上次的事情而怒不可遏。会面快要结束的时候,他又吼道:"你给我听着,我从来也不看你的什么电视节目,我也不知道你想捣什么乱,但你记住,你离我远点。永远都不要靠近我的交易席。"我们的座谈会就在这样的气氛中结束。

也许要是换了其他人，可能也就没什么大不了的。不过是有一个交易员不喜欢我而已，我才懒得在乎。但是，这个家伙铁了心与我为敌，这几年来，他绞尽脑汁地让我苦不堪言。每一次我经过他的席位，他都会对我一顿诋毁。我承认，是我的懦弱纵容了他的猖狂。

每次路过他附近时，我都会蹑手蹑脚地走开。对于他，我既害怕，又尴尬。很长的一段时间里，我都刻意绕路避开他。虽然我躲了他5年，但他还是依然没有放弃对我的尖锐攻击和在人前的诋毁。终于有一天我受够了，我开始趾高气扬地从他身边经过。有一次时值互联网泡沫爆裂，许多人都亏损了不少钱。他在我身后叫我："玛丽亚，你最好还是识相点把钱都存起来。"他的意思是："你没什么出息，也就能存存钱了。"这回，我冲他喊了回去："你少管我。要存，你自己把自己的钱都存了吧。"当时的感觉像极了高中的时候孩子们之间的斗气，但我确实是受够了他的冷嘲热讽。

多年之后，纽约证券交易所里发生了天翻地覆的变化。市场在互联网经济的泡沫爆裂后走向疲软，人人都赔了不少钱，社会上出现了大规模的失业潮——不幸或是幸运的是，那位"仇家"也丢了饭碗。我在好几年里都没再见过他，终于在一次聚会上我偶然地又遇到了他。这一次，他面带微笑，友好地向我走来，对我说："玛丽亚，我知道以前对你的态度不是很好。我向你道歉。"他伸出一只手来与我握手，那情形好像我们是老朋友一样。真是命运的捉弄啊！在纽约证券交易所工作的这么多年之中，我交了不少的朋友，找到了不少的死党，但就是这个家伙非要等到离开了交易所才肯接受我。我回答他："没关系，你多保重。"有时候，由于处在公众的视野中，大家就会忘掉我也是一个普通人，我也不过像其他人一样在做自己的本职工作而已。第一个出现在新闻现场的人需要具备主动性和耐力。我遇到过的所有成功的女性都和我有一样的经历和看法。要有所作为就要学会接受打击、超越自我。只要工作能做好，那么冲突自然就会消失。今天，我能感到对纽约证券交易所的一种强烈的归属感。我为自己赢得了自己今天的地位。在这个过程中，我也为跟随着我的记者们铺平了道路。

主动出击永远都有一定的风险。你肯定是等于把自己的脖子伸了出去。你可能被取笑，被嘲讽，或者更糟，你可能根本就是错的。但如果你能够相信自己所做的事情，并试图做好每一件事情，你就能成为最后

的赢家。

放手去做

我永远不会忘记玛乔丽·曼德尔。她是我在纽约大学上学时的一位新闻学老师，教授新闻特写。这位老师年轻时尚，是第一位指导我如何进行新闻报道的老师。她勉励我放下自己熟悉的领域，去探索整个世界。她派我去特朗普大楼记录那里的人来人往，去学校附近的公共剧院观看表演，然后采访观众对于表演的感受。这些看似简单的练习却开启了我进新闻界的大门。通过这些小的练习，我锻炼了自己的胆量，为日后熟练地驾驭新闻报道奠定了基础。

很明显，如果想要成功的话，你必须知道你想要什么，然后就放手去做，不达目的，誓不罢休。我从卡夫食品的董事长兼首席执行官艾琳·罗森菲尔德身上学到了重要的一课：无论什么时候都不要扭扭捏捏、优柔寡断。做为一名女性，艾琳取得了别人望尘莫及的成功。在《财富》杂志评出的"商界最有权力的女性"排名中，她始终名列前茅。艾琳告诉我，成功的关键就是告诉别人你想要什么。她说："我得到过的几次重要的提拔都是我事先就表示过很想要得到的职位。但是，并不是每一位女性都有这样的胆量。很不幸，这个社会并没有让女孩子有胆量直接地跟别人要自己想要的东西。就拿冰淇淋来说好了，如果一个男人想吃个冰淇淋，那他一定就会直说他想要吃个冰淇淋。而许多女人就会遮遮掩掩地说一些类似'看，那有一家冰淇淋店'或者'哎呀，这么热的天能吃个冰淇淋该多好'。与其这样，不如直接一点。想要冰淇淋，就直截了当地说出来，想要什么牌子，什么口味，蛋卷冰淇淋还是要杯装冰淇淋、要几个冰淇淋球，等等。虽然这个例子可能听起来微不足道，但是它却很能说明问题。"

做一名事业的开拓者

我认识的最成功的人都敢于突破创新，做一些别人从来没有做过的事情。他们能够看到社会上涌现出的新的需要，并找出自己的办法去满足这个需求。乡村银行的创始人穆罕默德·尤努斯博士，在 20 世纪 70 年代就看到了这样的需求。

当时,尤努斯博士的故乡孟加拉国正饱受饥荒的蹂躏,在美国教授经济学课程的他难免为家乡的父老感到焦急。他说:"我感到非常不安。就在我高谈阔论那些深奥的经济理论的同时,我的家乡父老却在忍饥挨饿。我当时就知道,自己一定要做点什么。我想了想:我们为什么不能通过商业的办法来解决这些问题呢?"

穆罕默德深知:孟加拉人民勤劳而聪慧,但他们的致富努力却都因得不到贷款而失败。一名困境中的妇女给了他很大的启发。这位妇女靠着卖手工艺品养活自己的家庭,但是由于她从当地的银行中借了一笔高利贷,她现在已然债台高筑。贷款的本金只有 25 美分,但是本息加起来,她欠银行的数目却是数百个 25 美分。

于是,穆罕默德就想出了小额贷款的理念,专门为村民们提供小规模的免息贷款,帮助他们创立自己的公司,在经济上自给自足。乡村银行创办之初,他受到过不少批评。他的小额信贷的方案似乎与银行业的规则背道而驰:你不能把钱借给没有偿还能力的穷人。但他还是克服了艰难险阻,让贫困落后的国家在经济上得到了发展。他的构想为大众来了福音。如今,乡村银行每年发放 50 亿美元的贷款。2006 年,穆罕默德·尤努斯凭借着他在脱贫致富方面所作出的杰出贡献赢得了诺贝尔和平奖。2009 年,奥巴马总统为了表彰他的成就,向他授予了总统自由勋章。穆罕默德说:"我的梦想就是有朝一日,乡村银行将会是'从前的穷人'的银行。"

脑海深处,你是否也有一个梦想在不断地燃烧呢?问问自己,究竟是什么挡住了你追寻梦想的脚步?事业的开拓者与后来的追随者的唯一区别就是开拓者们有着敢想敢干的魄力。

出奇制胜

我经常会遇到许多奇人奇事。环球影城的总裁兼首席运营官罗恩·梅耶就是其中的一位。我在他洛杉矶的住所对他进行过一次访问。当时他身着短袖衬衫,身上的文身清晰可见。谁都不会想到,这样一位行政高管身上居然文有刺青,但对于罗恩来说,他的刺青就好像荣誉徽章一样,记录了他的出身和奋斗。

罗恩在 14 岁的时候就有了现在的刺青。15 岁的时候,他从中学辍学。从此,

他变成了一名问题少年,居无定所,胸无大志。他成天要不在街上游荡、要不就去体育馆打打拳,玩玩台球。17 岁的时候,依然没有什么前途的他加入了美国海军陆战队。

海军陆战队彻底改变了他的生活,但不是我们所想的那样。服役期间,他因患上麻疹而被隔离了起来。为了帮助他打发时间,他的母亲送给他一本名为《人肉贩子》的书。书的内容是关于一名出色的经纪人的优越生活。罗恩被书中被美化过的情节深深地吸引。他找到了适合自己的事业。

退伍后,他就开始追寻这项事业。他拜访了所有的经纪公司,他对每一家经济公司的面试官都说:"只要你们让我做的,我都肯做。我愿意在收发室工作,我愿意打杂。什么都行。"但是没有一家经济公司给他工作的机会,因为他受教育程度低,而且没有工作经验。就在山穷水尽的时候,保罗·科赫纳经纪公司突然打电话给他。他们的司机突然辞职,而他们需要有人能够立刻补上。罗恩取消了原本要和朋友们一起去的欧洲之旅,第二天就去公司报了到。他当时每周的工资只有75 美金,但是他在日后却将这份工作做成了金山银山。

科赫纳公司签约了许多当时的知名艺人,包括约翰·休斯顿、比利·怀德、查尔斯·布朗森和拉娜·特纳。罗恩告诉我:"老板保罗会在汽车里谈生意,从中我学到了不少业务上的事情也结识很多圈内的人。"在为科赫纳公司开车的六年里,罗恩摸清了演艺界的门道。他对圈内的事情如数家珍,有一次他向威廉·莫里斯经纪公司的人谎称自己是一名经纪人,当时竟没有一个人怀疑他。20 世纪 70 年代初,罗恩就凭借着自己的努力成为了一名出色的经纪人,手下的艺人包括罗布·赖纳、莎莉·斯特拉瑟斯、西尔维斯特·史泰龙,还有法拉·福西特。

1975 年,他与在威廉·莫里斯公司的 4 名同事一起成立了创意艺术家经纪公司(CAA)。他们每周工作 18 个小时,并采取签约艺人前两年免收经纪费的做法招揽生意。通过他们不懈的努力,CAA 成为了全美头号经纪公司,旗下全部都是巨星级的艺人,包括芭芭拉·史翠珊、雪儿、麦当娜、汤姆·汉克斯和汤姆·克鲁斯。今天罗恩虽然经营着环球影城,但他并未被成功冲昏头脑。一直以来,他都保持着脚踏实地的作风,稳扎稳打地运营着公司。

任何人都有和罗恩谈话的机会。可能前一天,他还跟朱莉娅·罗伯茨在一架飞机上;第二天他就和收发室的职员在一起吃午饭了。他是公认的娱乐圈的老好

人,他对朋友忠诚为人所称赞。他的员工告诉我,为了他,他们什么都愿意做,因为他非常懂得尊重自己的员工。

那么,罗恩的故事对当代的有志青年有什么意义呢?也许你会说,罗恩的成功已经是 20 世纪 60 年代的老黄历了。但是我却认为罗恩的故事给我们的激励却是永恒的,因为它说明了坚韧的伟大力量。您可能要敲开 100 扇门才能得到想要的答案,您可能要从基层做起。但不管怎么样,罗恩身上的优秀品质仍然是成功的关键:他有一种向上的精神。他相信自己,数年如一日地去聆听、去学习,并且拒绝放弃。罗恩从来没有让好莱坞的纸醉金迷冲昏头脑。他之所以成功,是因为他坚持自己。我为能有罗恩·梅耶这样的朋友感到自豪。他生命中的关键词是:**坚忍不拔、辛勤耕耘、忠于朋友、勇敢无畏、诚信正直**。

丢掉身上的黑纱

大家也许都听过这样的论断:要取得成功,就要培养像钉子一般的坚强性格,像城墙一样厚的脸皮。这样的论调当然有它正确的地方,但是如果你问一个老板,他最看重员工的什么品质,他很可能会回答"态度"。正如杰克·韦尔奇所说的一样:"年轻人最要不得的就是得过且过的人生观。千万不要有类似'噢,我们以前试过,没用的';或者'天哪,我才不想费那个劲呢!'没人愿意跟全身蒙着黑纱的人打交道,我们每天要以积极的心态示人。"杰克所说的"黑纱客"是指那些心态消极的人。他对消极的生活态度深恶痛绝,每天都积极乐观地面对生活。他走路时经常走着走着就突然跳一步,青春洋溢的脸上无时无刻不散发对生活的热爱。他一直都要求自己的员工要具备像自己一样的热忱。

西南航空公司的老总赫伯·凯莱赫曾向我透露过他挑选员工的标准:"态度决定一切。虽然教育程度、专业水平和工作经验都很重要,但是离开了积极向上的态度还是不行。我宁愿雇佣水平适中但态度却非常积极的应聘者,因为员工的工作态度对于团队合作来说具有决定性的作用。"

态度是一个很微妙的东西,不管你之前的心态如何,只要你愿意,你随时都可以一甩消沉,以积极的心态面对生活。说句实话,即便是做自己喜欢的事情,我们还是很难每天都积极到唱着欢歌起床,迫不及待地投入工作。最近,我接到了一份工作,要求我在星期六下午飞到芝加哥去主持一场慈善晚宴。那天纽约天气出奇的好,阳光明媚,万里无云。难得这么好的天气,我实在不想长途跋涉跑去拉瓜地亚机场搭飞机。我心里不断地抱怨:"为什么偏偏要让我去?"我越想越气,但是我又转念一想:我已经答应了要去,所以抱怨也改变不了什么。与其自己气自己,不如调整好心态,做好这次活动。于是,我就通过不断的心理暗示让自己平静了下来。等到了芝加哥之后,我已经满脸微笑了。我一点都没有强颜欢笑,因为想到我此行的不少好处,我就自然会心地笑了。我提醒自己,能够获邀参加这次活动就已经非常有幸,更何况我还将主持一次非常盛大的慈善活动呢!这种自我鼓励确实能够激发出许多积极的情绪,而积极的心态将会为我们带来无穷的机会!

与男性一起竞争

我采访过萨拉·佩林。访问中,我很好奇她为什么能够一直都表现出惊人的自信。她担任过阿拉斯加州的州长,2008 年时与麦凯恩搭档作为共和党的副总统人选参加美国的总统选举。她平易近人,充满活力,在媒体对她排山倒海的批评前泰然自若。不管是否赞成她的政策,我们都不能不说,她是一位在事业和生活上双丰收的女性。未来的很长一段时间里,她都会活跃在美国的政治舞台上。

我问她,是什么造就了她今天的成功,她给了我一个惊人的答案——体育运动。她说:"我的爸爸妈妈都是体育教练。我的家人都很活跃,彼此之间经常竞争,我的性别从来都不是一个问题。女孩们同样要做砍柴、狩猎、捕鱼等这些阿拉斯加人都做的事情。我成长的环境就是这样,人人平等。所以,我的体育背景和在阿拉斯加性别平等的环境中长大就是我最大的两个优势。"

佩林的故事值得所有年轻的女孩学习。不仅仅是女该,每个有远大志向的青年都可以从中学到宝贵的经验。如果你想要成功,首先,你得相信自己能够成功。也许一些年轻人由于性别、种族、残疾或贫穷等因素在与别人竞争的时候并不是很有优势。但如果你能够相信自己,找准自己的位置,那你就完全可以掌握主动。佩林的故事告诉我们:**尽管去做自己想做的事,但要把它做好,不要做失败者**。

别相信权力文化

权力会腐蚀人的主动性。如果你希望凭借特殊关系得到特殊待遇,而不是靠自己的努力来取得成功,那你就永远都不会取得真正的成功。你永远都只会是扶不起的阿斗。

许多人都不明白这个道理。自从我加入了纽约大学的董事会之后,就不断地有家长写信、发电子邮件给我,请求我在重要场合里为他们的儿女美言几句。我没有这样做,我不能为他们做担保。因为我根本就不认识这些学生,所以我不能接受这条"潜规则"。但是如果有年轻人主动来找我,跟我谈谈他的成就和理想的话,我是很愿意去做一个聆听者的。但做他们的爸爸妈妈的话,还是少操这份歪门邪道的心为好。

其实特权是一种沉重的负担。没人会尊重那些靠走后门和不正当的手段走捷径发家的人。如果一个人能幸运地降生在一个特权家庭,那他更要知道,自己需要付出比一般人更多的努力来证明自己。这就是万事万物之间的能量守恒。

我很早就学到了"一分耕耘,一分收获"的道理。5 岁的时候,"软心先生"冰淇淋车会在街上停下来贩卖冰淇淋。每当这个时候,我就会跟妈妈要冰淇淋吃。她总是会说:"想吃冰淇淋可以呀,但你的钱够买吗?你的存钱罐里还有多少钱呢?"小时候我有一个存钱罐,我一有零钱就把它放在里面。妈妈的意思很明确,如果我攒的钱够的话,我就可以给自己买一个蛋卷冰淇淋。要是不够,就只能忍着等攒够了钱再买了。仅此而已,没有其他多余的哭闹。这个简单的教训,让我终身受益。如果我想要一件东西,我就要为了它而努力工作、拼命攒钱、专心学习、周密筹划。这就是我迄今为止成功的秘密。

现在有的孩子没有机会学到我小时候所学到的宝贵教训。他们的父母把他们宠得衣来伸手、饭来张口。几年前,我和一位华尔街的朋友聊过一次天。他很成功,很富有。谈话中,他跟我炫耀了一番他 10 岁儿子的奢侈:"我儿子老是缠着我问:'爸爸,我们搭飞机坐经济舱还是头等舱?我们在飞机上有没有专属的包厢?'"他边说边笑,笑声中透出无限的得意,而我却笑不出来,只是一言不发地盯着他看。我带着惊讶的口气问他:"你 10 岁的儿子居然问你要坐头等舱还是经济舱？"

他轻轻地笑着说："是啊，多好笑啊！"

我只管摇头，不但不觉得好笑，而且还感到一阵反胃。我心想这个孩子的将来算是彻底地毁了。成功转瞬即逝，正所谓富不过三代。如果一个人的成功不是建立在自身努力和为社会创造价值的基础上，那他很快就会覆灭在社会前进的大潮之中。

从基层做起

几年前，我打出了招聘助理的广告。众多应聘者中，有一位非常出色的年轻女性。我对她的学历和能力都留下了深刻的印象。她是一名工商管理学硕士，并且有华尔街的工作经验，头脑聪明，办事麻利。对于市场运作和华尔街内部的一些技术知识和术语都烂熟于胸。她打算进军电视圈，所以找到了我。我对她的各方面都非常满意。

但是在面试的时候，她冷不防地向我们提出了一揽子的要求："公司要给我配一台高级电脑，一部手机，还要给我一间独立的办公室。周四要给我放假，周末不准让我加班。"她越说我的心越觉得凉。

我就坐在这位应聘者的对面，听着她一句句地埋葬自己的工作机会。我想："她根本就不知道自己这样说会有什么后果，面试官会怎么看待她。"显然，她没有通过面试。

我在为自己挑选员工的时候，偏爱积极主动、毛遂自荐型的求职者，因为我自己当年就是这样的人。最近我妈妈给我带来了一箱我以前求职时的简历信。我抽出几份读了一下之后，又想起了当年的自己。当年的简历几乎都传达着一条信息："请雇我吧，我什么都肯干。"我在美国有线新闻网（CNN）开始工作的时候，所有人都知道我什么活都愿意干。咖啡也替别人冲过，有时在复印机旁一站就是几个小时，替别人跑腿带信什么的就更不用说了。估计他们要是让我去扫厕所，我也会答应。我从没指望过一进公司就当老板，从来都是什么脏活累活都愿意干。我的这种工作态度也受到大家的认可和喜爱。别人知道你愿意做其他人不愿意做的辛苦活时，就会对你另眼相看，给你更多的机会。没人喜欢虚荣傲慢、挑东拣

西的同事。

不过转念一想，也许我不会答应去扫厕所。虽然我们的确应该抱着灵活和开放的心态面对工作，但是也不能太过。如果你想做的工作是写剧本，而老板却让你去扫厕所，那明显这两份工作的内容风马牛不相及。

坐上成功的航班

在工作上，我是一个有原则的人，一旦我设立了一个目标，我就会努力实现它。电话预约，搭上采访的航班，然后前往目的地。虽然并不是每次采访都能圆满完成，但是比无所事事、枯坐苦等要来得有意义。

2008年夏末，我的节目组正在筹划一个以"能源经济"为主题的特别节目。节目制作人提议采访萨拉·佩林。而当时我正和表姐在亚利桑那州度假，实在懒得老远赶去阿拉斯加作采访。我当时只想回家，但是表姐却看出了我偷懒的想法。她责备我说："玛丽亚，快坐飞机去吧。去一趟阿拉斯加多好啊！"当然，她是对的，而且从后来作出的报道来看，要是我当时只是作电话采访，肯定没有面对面采访所造成的效果轰动。

一到了阿拉斯加，我就觉得有点不对劲。我和佩林州长作了很长时间的能源问题的访谈，访谈的过程中我总感觉她好像在秘密筹划一件大事情一样。当时的背景是，麦凯恩一个星期之后就会宣布他的副总统提名人。尽管之前他也提过佩林的名字，但是公众还是觉得佩林不会当选。我当时只是随便地问了一下佩林，麦凯恩有没有跟她联系过，但是我注意到，佩林听了我的问题后，神色慌张地望了望她的公关负责人，然后才含糊其辞地说她可能在候选人之列，但是具体的情况她也不太清楚。我于是就想："原来副总统人是她。"采访结束以后，我向佩林提出了周三后为我的商务周刊专栏再作一回访问的邀请。我想保持着这条新闻线索，要是她真的得到了提名，我就可以作一个独家了。

周三的时候，我电话采访了佩林，她在电话中透露出极强的自信。我们的讨论内容也从能源问题扩展到了所有宏观的经济问题。我又再一次地证明自己的推断："看来真的是她了"。

到了周五，麦凯恩公开表示，他选择萨拉·佩林作为竞选搭档。隔了一天，我的访问在周六播出，成为了佩林在获得提名后接受的首次全面深入的面对面访谈。而这一切都是因为我愿意比别人付出更多的努力。我在去阿拉斯加的途中从未想到这次访问会造成如此强烈的反响。我很幸运，但是我的幸运是因为我搭上了采访的飞机，付出了艰辛的努力。

为了长远的利益树立良好的信誉

我们生活在一个耐心缺失的世界。每个人都想立刻就得到结果，这种心态在某种程度上可以说是这场金融风暴的罪魁祸首。在我成功的秘密中，有一条就是为了未来而树立信誉。我一直都很注意建立良好的人际关系。其实新闻行业的根本就是人际关系。当然，迫于媒体业的压力，每个记者都想得到任务当天就完成采访。但是我每次都强迫自己耐心地对待采访，因为我知道这份耐心的投资会得到回报。我历来相信，做新闻一半是靠坚持，一半是靠与被访者建立相互信任的关系。

经常会有人邀请我到企业、学校和慈善机构作演讲，只要我有时间，我都会答应。因为通过这样的活动，我可以与这些机构建立良好的关系。在关系建立后，这些机构的负责人就会更愿意接受我的采访。

在这个过程中，我能够赢得别人的信任，让他们知道我是一名尽职的记者。有时候，人们会觉得记者在采访之前就已经写好了报道，采访只是走形式。所以我就要向受访者证明我愿意认真地采访，仔细地聆听。在前往迪拜和阿布扎比采访的时候，我会花时间和阿布扎比政府投资部门的相关负责人进行沟通。尽管起初他们对媒体非常不信任，但我还是悉心地向他们解释了我的节目形式和内容，以及我自身的新闻观点。我的解释减少了他们的疑虑，增加了我们之间的互信。后来，当我询问他们在有关公司的投资情况时，他们都很爽快地就把相关信息告诉了我，因为我赢得了他们的信任。

建立自己的人脉关系需要大量的时间和毅力，但是一旦建立之后，我们就能够从中受益。用自己的善意和信誉建立人脉网。不要问别人能为你做什么，想想你能为他们做什么。

坚守岗位

2006 年 3 月,我卷入了一场事关美联储主席伯南克的争议。那时,他刚刚接过格林斯潘干了 17 年的工作。当时,伯南克出席了他第一次在国会的作证——市场对他关于停止加息的暗示响应强烈。于是我就借着白宫记者招待晚宴的机会专程就加息的说法采访了他。

我们站成了一个小圆圈,高盛银行的副董事长罗伯特·霍马茨就站在我的旁边,和伯南克你一言我一语地聊着。霍马茨问了他许多敏感的问题,诸如劳工成本、通货膨胀等等。对于每个问题,伯南克都微笑应对,不置可否。但是就我提出的问题"市场和媒体有没有误读您证词中提到的停止加息的信号?"他给出了深入的回答。他说市场对于美联储未来不会加息的解读是错误的。虽然我们进行的是非正式的谈话,但是我依然记录下了谈话的内容。而且我想,要是伯南克不想说得这么明白的话,他是不会当着霍马茨的面说这番话的。所以星期一的时候,我就把我们的对话报道了出来,而随着新闻的播出,股市应声急挫。

这次独家报道让我受到了广泛的指责。有人批评我,报道伯南克在非正式场合的谈话有失新闻准则。但是从我的观点来看,当时我们的讨论非常的公开:我想,伯南克是不会把真正的国家机密泄露给我和霍马茨的。其实,我后来还专门咨询霍马茨他是怎么处理那条信息的。他回答我:"我即刻就通知了我的交易部门。"我也早就猜到了他会这么做。我之所以会报道这条新闻,还有一条重要的原因:因为我相信每个人都应该有权接触到重要的资讯。

正是凭借着积极主动的心态,我才能够在新闻行业安身立命。一旦我拿到了重要的资讯,我就会把它尽快地传播出去。

4

C O U R A G E

勇气

做勇敢、聪明、公正的人

MARIA BARTIROMO

我的祖母罗萨莉娅·玛丽亚·莫里尔是我认识的最勇敢的人。虽然她出生在美国,但她的母语是意大利语。当她还是个孩子的时候,她随家人回到了意大利。结婚后,她再次回到美国定居。与其说她是一名土生土长的美国人,不如说她更像一位移民。她和我的祖父组建了一个新的家庭。我的母亲只有 6 岁时,我的祖母经受了一次严酷考验——祖父的逝世。当时,她同 4 个孩子(两男两女)居住在一起,仍然很少讲英语。靠着在一家工厂打工的收入,她含辛茹苦地把 4 个孩子拉扯大。但在孩子面前,她从未流露出一丁点儿的害怕。

她一生都住在布鲁克林区的第 17 街。我的母亲结婚时,外公外婆要在奶奶家居住一段时间,当时他们就住在祖母的楼上。我出生之后也在奶奶的房里住过一段时间,后来就随父母搬到了瑞奇湾区。

当我还是一个小女孩时, 奶奶就已经成为了我生活的中心。 她是我们家的中流砥柱。我尊敬她,崇拜她。我最快乐的童年都是在她的厨房里度过的。

1977 年,我刚好 10 岁,祖母已经 74 岁高龄,我陪同她坐火车去佛罗里达州看望叔父。对于此次旅行我很兴奋,祖母答应父母会在旅途中好好照看我。我们期许着从佛罗里达州回来后,我父母会为我们举行一次盛大的欢迎聚会。途经特拉华州的时候,我们决定停下来休息。当我们把车停靠在路边时,一辆拖车猛然

地撞了上来。我们的车被强大的力道掀了个底朝天,紧接着我和祖母都被撞击的副作用甩出了车外。我奇迹般地活了下来,身上只有一些玻璃割伤。但是祖母却倒在了拖车车轮的旁边。车祸之后,祖母昏迷了整整九周,最终因抢救无效而去世。

祖母的死对家里是一次毁灭性的打击。尽管虔诚的母亲告诉我祖母在天堂很安全,但对于母亲的话,我当时还是有些怀疑。随着时间的推移,我为那些没能来得及问祖母的问题感到遗憾。我想知道她怎么会有那么大的勇气踏上前往美国的征程,还有这么多年来她一个人是如何走过祖父不在的日子的。尽管她不能回答我的问题,但是我能感觉到她的存在。她就像停靠在我肩膀的天使一样:指引我、帮助我作出正确的决定。

直到今天,每当我感到害怕和彷徨的时候,我总是可以听到她用沉着冷静的声音告诉我:要坚强。我经常在脑海中跟她对话。我会问她:"我要怎样应对生活中的变化?"而我总能从她那里得到一种安慰的回答,似乎从来没有任何动荡能够吓倒她。

祖母告诉过我:**勇气不是一个崇高的理想。我们大多数人很少需要拥有那种惊天动地的勇气。对于日常生活中的挑战,勇气就是告诉你"尽管去做"的那个声音。**

尽管去做

几年前,我受邀在纽约洋基队的棒球赛中投出第一球。对于这个邀请,我既兴奋又害怕。我担心自己会投不好那个关键的第一球。纽约的球迷出了名的严厉,所以我不想在洋基的球场上遭到他们的"嘘声一片"!但我毕竟不是一个职业的棒球运动员,而且从投球区到本垒板还有很长的一段距离(约 18.44 米)。我很容易就能想到投不到一半远,球就在半空中落地的尴尬场面。

当我收到这个请求的时候,我正在亚利桑那度假,于是我去找我的朋友丹。他不仅是一名徒步旅行的导游,还是一名真正的运动员。我向他求教了如何投球的奥妙。接下来的两个星期里,我每一天都和丹在一起练习,终于熟能生巧,练出了把球投好的本事。但当投球的日子真正地到来时,我却又害怕起来。我想:我在

开什么玩笑？我是根本就不应该站在投球区里面。这将会是一次彻底的失败。丹特意来纽约陪我和我丈夫去观看比赛。当他出现的时候，我脱口而出："噢，天啊，丹，我非常的紧张。我该怎么办？"

丹注视着我的双眼，用坚定的口吻说："玛丽亚，投球的时候，只要记住一样东西：你已经充分准备好了。"他的话深深地鼓舞了我，让我立刻放松了下来。我微笑着对他说："是的，我准备好了。"然后我们就出发了。

当我走上投球点的那一刻，我又开始胆怯。6 万名球迷在疯狂地欢呼着，风沙不时地吹进我的眼睛里。我顿时感到本垒板好像在千里之外一样。我想："噢，完了。这球我不能投了，我一定会被球迷们笑话死的。"一番激烈的思想斗争后，我深吸了一口气，然后对自己说，"你已经准备好了。"随后，我侧身猛地一挥手臂，球就远远的飞了出去。

球飞过了本垒板、落入了接球员的手套里，观众随之变得疯狂。其中一个选手大喊道，"让她也加入比赛吧！她棒极了！让她加入比赛吧！"这时，我感到无比的幸福。

这个故事的重点是：**丹的鼓舞让我勇敢地投出了胜利的一球。直到今天，每当我感到紧张害怕时，我的耳边就会想起丹的声音："你已经准备好了。"这则鼓舞让我克服了重重险阻，取得了今天的成就。**

勇敢地活着

勇敢是一种心态而非一个事迹。对我来说最好的例证是一个来自莫里斯·汉克·格林伯格的故事，他把美国国际集团从一个小的保险公司发展成为一个全球性的龙头企业。汉克曾经告诉过我，勇气是成功的关键。他的成功之路也印证了这句话。当我跟他谈及他的成长岁月时，我真的被他那传奇的一生所深深地感动。大部分人都只知道汉克是一家实力雄厚的跨国公司的老板，而我却发现了汉克人所不知的另一面。

汉克的父亲在汉克 6 岁的时候就去世了。汉克母亲再婚后，他们一家居住在纽约自由岛的一个小镇的农场里。农场位于纽约市西北方向大概 90 英里之外的卡茨基尔区。

他回忆说:"我就9岁或10岁的时候,经常会用一些陷阱捕猎小动物。我每天早上4点起床挤牛奶,然后才去上学。我经常与那些动物斗智斗勇,观察它们的生活习性,然后计算出在哪里设下陷阱可以逮捕到他们。通过特殊的"狩猎",我学到了很多在学校里学不到的东西。"

汉克在17岁的时候参了军。1942年,和很多年轻人一样,他感觉自己有义务保卫祖国。他说:"我必须在年龄上造假,因为军队只招募年龄18岁以上的公民。我有一位女性朋友在县长办公室工作。于是,我拿了一个空白的出生证明,填好后,她帮我盖了章。这样,我就有了一个年满18岁的出生证明。"参军后,作为一个犹太人的汉克立刻投身到了欧洲白热化的战斗中。他获得陆军中尉军衔的时候,年仅19岁。

当我问汉克是不是从战争中学到了勇气,他说:"我没觉得我是靠着学才有了勇气。勇气这个东西,你要么就有,要么就没有。一开始你需要克服很多内心的恐惧。我曾很愚蠢地说过我从没害怕过。我见识越广,就越清楚自己也可能遇到麻烦。我们不应该因为害怕而感到羞辱,相反,我们要学会克服恐惧。一旦我们做到了,那事情就变得非常简单了。我们必须咬紧牙关去做必须做的事。假如你是个领导者,你要意识到你的下属想要追随的是一名勇敢自信的领导。千万不要要求别人去做你自己也做不到的事。"

1944年6月6日,汉克在诺曼底登陆中身处奥马哈海滩的第一线。虽然他已经多次侦察过那个登陆点,但是他还是不敢松懈,因为奥马哈海滩一役是整场战争的决胜之战。超过2 200名美国士兵丧生在那里,他们当时奋不顾身地杀向了敌军。汉克当时在船上时刻注视着海滩、等待着发起冲锋的命令。他回忆说:"当时我们的周围有很多的登陆舰,船上的每个人都很紧张。我当时非常的幸运,因为我的营长看到了我们海滩上的战况,并适时地告诉舵手把我们放到离原定登陆点100码左右的地方。如果他没有这样做,我很可能今天就不能在这里跟你谈话了。那是一段不堪回首的经历。"

在1945年4月,汉克和第45步兵师加入了达考解放战役。那场仗打得尸横遍野,运送战士遗体的火车车厢被塞得满满的。成千上万仍然活着的战俘一个个都瘦得皮包骨头。当时的惨状深深地刻在了汉克年轻的记忆中,让他终生难忘。达考战役是他人生中的最后一场战役。之后,他由于在战争中的英勇表现被授予

MARIA BARTIROMO

了青铜星章。

汉克回到美国后发现平民生活的调整比他在战场上的生活还要困难。他感觉孤独和不安。在战场上，他是一个成年人，一个指挥官。但在平民生活中，他仍然是个高中生，因为他跳过了他的高三直接加入了军队。他说："我不想回到纽约的自由岛去上高中，因为我当时已经 20 岁了。因此我去了罗兹中学上高中。我以每周 5 美金的价钱在曼哈顿的西十街租了一个房间。虽然我只花了 7 个月的时间读完高中，但那段时间依然是我人生中最困难的时期。我感觉与身边的同学格格不入。我当时就独居在一间没有电梯的公寓，也不认识这个城市里的任何人。我当时手头并不宽裕，只剩下我在服役时攒下的一点钱。此时，我感到非常的孤独。学习生活与在军队中养成的性格格格不入。"

尽管很困难，汉克还是决心完成学业。他考上了大学，在进入纽约大学法学院学习前，还获得了迈阿密大学的法律预科学位。1950 年他从法学院毕业，时值朝鲜战争的爆发。作为一名后备军人，他被重新征召入伍，担任上尉。他引用了士兵们经历过的惨烈战斗来描述这次战争，他说："朝鲜战争真的是一场非常困难的战争。那个冬天真的太恐怖了，当时我们没有冬天的衣服，我就用报纸塞满靴子保暖。那是一场丑陋的战争。但是我们还是必须完成国家交给我们的任务。尽管在战场上，我指挥了一个大约 250 人的队伍，但是回国后我还是面对着找工作的压力。"

"机缘巧合，回家后的一天，我去拜访了几个法学院的同学。他们在纽约市中心的保险区从事'过失法'的工作。我对他们的工作并不感兴趣。我进到这家公司里面，在做了一番自我介绍之后，当场就拿到了一份保险中介的工作，虽然当时我并不了解保险业务，但是我还是想先做好这份工作。毕竟，在找到一份好的法律方面的工作之前，我需要一份能够养家糊口的工作。于是，抱着这样的心态，我就开始投身到了保险业中。谁都没有想到，我这份过渡的工作，一干就干到了现在。"汉克在新的领域也遇到了不少的问题。他说："我刚刚入行时，保险业并不成熟——保险公司被称为美国欧裔的精英们掌管着。犹太人的血统在这个行业里受到排斥，所以我必须战胜这个逆境。大多数犹太人的理想是成为代理人或股票经纪人，很少有人想经营保险公司。我既不想成为代理人也不想做股票经纪人，这些工作不吸引我。我倒是想标新立异地创立一家保险公司，为了实现这个目

标,我付出了不懈的努力。"

对一个战胜过纳粹军队和参加过达考解放战役的男人来说，发生在自己国家的反犹歧视更令他难以忍受。"我从未被歧视所击倒，我知道自己不能只沉浸在自己的不幸中，因为那不是我的性格。我还是一如既往地做我认为正确的事情。成绩最能说明问题，假如你做出了成绩，别人就会欣赏你。这就是我克服歧视的方法。"汉克最终在 1968 年取代了美国国际集团的创始人斯塔尔成为了美国国际集团的第二任首席执行官。

他意味深长地说，"在商场上，勇气就是做别人没做过的事，并且敢于孤注一掷：只要有自信，你正做的事情就一定能做好。我把自己的整个事业生涯都花在了一个高风险行业——保险业。一路走来，我做的都是别人没做过的事，例如开发新市场和率先抢占新兴的商务领域。在苏联的铁幕倒下前，我就赶在了所有人的前面去俄罗斯寻找商机。1975 年我还去了中国，那时候谁都没考虑过在中国做保险生意。

"我们不但要有勇气，而且要懂常识。勇气不等于鲁莽：勇气是凭直觉行动，但必须是常识和直觉的共同作用下去追寻自己的事业。也许在一些事情上我们会有很好的意识，但是我们要清楚，自己的行为可能关乎他人的切身利益。因此，在作决定的时候，我们必须剖析清楚各种利害关系。在商场上，任何一个员工的任何举动都可能会给公司造成严重的损害，所以我们必须三思而后行。"

汉克强调，勇敢的前提是诚实，他说："不管是在战争还是和平时期，你都不能坑蒙拐骗。你不能骗别人去做永远都没结果的事情。"

回想汉克的故事时，我不由得惊叹他在 84 岁的高龄时还能和年轻时候一样的坚毅和乐观。我从未遇到过一个像他一样的伟大的人。可以这样说，大部分人在美国国际集团遇到的灾难性的打击面前都会放弃和气馁，但汉克却坚定地说："别想让我出局。"

战胜失败的恐惧

金融危机让许多人都对自身的前途感到担心。当我们的行为和思考都被恐惧俘虏之后，我们也就丧失了工作的能力。一个朋友告诉我说："我观看 CNBC 的

时候会把声音关掉。看到股市在不停地上下起伏时,我就会感到一阵阵的晕眩。市场的表现看起来不像是真的,好像是有一个巫师在幕后操纵一样。"很多人在金融危机的高峰时期都有类似的情绪,许多投资者甚至说要把他们的钱藏在床垫底下。当人人都开始自危的时候,集体的恐惧感就会对股市造成消极的影响。因此,克服恐惧是迈向经济复苏的第一步。

每个人都有自己的舞台,而被恐惧绑架的思考就是每个人舞台上的障碍。勇气是战胜恐惧的能力,就像一个运动员进行了一次冒险的射门——不是因为一定会成功,而是因为这样做会有成功的机会。

斯蒂芬·佩格留卡是贝恩投资的合伙人和波士顿凯尔特人队的老板。他不仅是一个精明的商人而且还不乏风趣。当我问他对于那些在痛苦中挣扎的人有何建议时,他给了我一份他为体育广播网撰写的关于体育、领导和人生的手稿。斯蒂芬写道,他从来没有忘记过他高中时候的一场篮球赛。在第二次加时赛上,斯蒂芬站在罚球线上投罚球。他还记得当时自己年轻的脑海中不断地回旋着一个声音:那不只是一场比赛,他的整个未来都压在这个投球上了。他决定去作大胆的尝试——在罚球线上进行一次非常规的跳投。他写道:"我想,即便我投不进这个球,我也要赢得全场观众的喝彩。"球还是漂亮地投进了篮里,他完成了得分。尽管他所在的球队最后输掉了比赛,但是他的那次罚球得分无疑是一个辉煌的亮点。

斯蒂芬记不起最终的失败,只记得那个成功的投篮。"这段经历证明了通过冒险一搏去战胜失败的恐惧在危机关头是至关重要的。在人山人海的体育馆内的疯狂跳投永远地印在了我的大脑里。今天每当我在生意上遇到紧急情况时,只要想想那个进球我就能够冷静下来。"

我进一步地分析了斯蒂芬的见解。其实,勇敢并不只是面对危机时的临危不乱,更是要明白危机的价值。通用电气的首席执行官杰夫·伊梅尔特在2001年接任杰克·韦尔奇的工作后也面临过一段苦恼的时期。但是他能够看到公司遇到一定的困难并不完全是坏事:它给我们上了生动的一课。金融危机期间我在纽约大学斯特恩商学院采访了杰克。他说,"我已经学到了20件我一辈子都没想到、没看到的事;而且我还做了10件我从来没想过我会去做的事。我已经把接下来要做的10件事都安排好了。"

杰克相信困难时期是企业转型的良机。当我们谈及这个问题的时候,他说:"真的很难向人们解释在 2008 年 9 月领导通用电气是一件多困难的事情。那时莱曼公司宣布破产,政府宣布挽救美国国际集团,危机真的是一个接着一个。"他补充说,"但是,假如没有这次危机就不会有行业的洗牌——这次修正让我们找到了一个正确的方向。"

多年来,我一直观察着杰克的一举一动——他总是能够坦然面对舆论批评,在关键时刻展现出领袖的风范——我被他的坚定深深地打动。杰克知道,在人生的角逐中,困难会接踵而至。重要的不是这些障碍如何的艰难,而是我们自身如何克服它们。

勇于尝试

罗恩·因萨纳是我在 CNBC 的同事,他在坚持自我和甘冒风险这方面很有见地。他的故事很令人振奋:不是因为他取得了重大的成就,而是因为他还抓住了一次很大的机遇,并且从中获得了诸多智慧和经验。

在过去的 22 年间,罗恩成为了大家熟悉的面孔,每天在电视上报道重要的财经新闻。他非常受欢迎:因为他不仅学识丰富,而且个性直率。正因如此,他的观众非常地信任他。他本可以在网络上一直工作下去,继续做一流的记者,但他却走了另外一条不同的道路。2006 年,合同到期后,罗恩离开了 CNBC,并决定做一些完全不同事情。他决定创立一只对冲基金,他告诉我:"我想要一个新的挑战。我没有厌倦新闻业,但在 2006 年到来的时候,我已经完成了自己在新闻行业想做的所有事情。我如今 45 岁,而我也不确定我是否能继续做好下一份工作。现在的新闻更注重观点而非客观事实,所以我觉得是时候重新考虑自己的事业了。"

"一直以来我对对冲基金就很好奇。每个对冲基金的高管所具有的信息流都要优于我做记者时所获得的信息。我觉得我应该准备开创属于自己的公司了。我已经获得了的工商管理学硕士和商业经济学博士学位。目前,我已经积累了大量的知识,所以想看看我是否能将我的所学应用到社会现实当中。"于是罗恩就这样离开了 CNBC,并且开创了因萨纳资本合伙公司。

　　这是一个很大的风险，但他还是很小心地开始做了。他说："立即开创对冲基金对于我来说没有什么意义，因为我没有贸易经验。最好的办法就是聘用风险管理经理来替我运行这只基金。所以在 2006 年 3 月，我开始雇佣员工。这花费了我一年的时间才完成。我不怕承担风险，这是一个很简单的决定，而且我觉得是个正确的决定。我的妻子梅琳达给了我足够的支持。我是在拿家庭的未来在冒险。有些人很富有，而有的人却一无所有，他们寄希望于孤注一掷的投资。我的父亲曾经试过经商，但他却赔掉了我们原本可以买一栋房子的钱。所以我们之所以后来一直租房子住就是因为父亲花掉了原本要拿来建房的钱。他决定拿着用来买房子的钱自己出去闯，而这却是一个天大的错误。因为我经历过这些事情，所以我不会再拿我家庭来做赌注。但开创事业也的确有很大的风险，这不仅是在金钱方面，也表现在职业生涯方面。如果你决定自己闯，那就必须要自己作决定。"

　　罗恩所做的一切可能都没错，但是在时间上却大错特错。他的新事业开创一年以来，金融危机就横扫华尔街。2008 年 8 月，因萨纳资本合伙公司不得不停业。2009 年，罗恩再次回到了 CNBC 做兼职分析家的工作。我很想知道罗恩对他的这份经历作何感想，不知他是否会后悔所做的大胆举措。

　　他坚定地告诉过我他从未后悔。相反，他很庆幸自己从中学到了很多知识，而且可以在日后得以应用。他并没有将自己所作的决定视为一个错误——绝非错误。"对于那些想要尝试一些完全不同的事业的人来说，我能给他们最好的建议就是：要有胆量。我一直都很相信自己的勇气。只有具备了胆识，我们才能制订谨慎的规划。如果没有规划，不做好本分之事，那我们就可能会一事无成。我们必须保证身边有值得信任并且比自己聪明的人。因为创业并不仅仅是去做点新鲜事那么简单。在最后，你都要冒一定的风险去相信一切皆有可能。我很希望自己是财富管理方面的菲尔普斯，但即便我是，我也难以抵抗金融风暴这个恶劣的大环境。也许我们有失败的风险，但这的确就是生活。"

　　罗恩说："我并不觉得没有达到设定的目的就等于失败。我相信认真做过的每一件事都会让我们受益匪浅。关于我的创业，我已经做出了最大的努力，所以我虽败犹荣。如果我们不做任何的改变，生活总是按部就班，那我们的生活就会走入一个死胡同。这对我们的健康和幸福都有百害而无一利。不要把所有的事情都狭隘地限制在成功、失败或平局的三分法中。自满是件很危险的事情，如果我们一辈子都干同一件事情,那我们干起这件事情来当然很容易。但是如果我们不按照自己内心的想法去做一些自己喜欢的事情,那我们就很难做成什么事业。"

为自己奋斗

要想在职业生涯中划分出自己的私人空间是很需要勇气的。奥美公司的首席执行官谢利·拉扎勒斯就成功地划分出自己的空间。她在这一行工作了 30 多年,从公司的底层一直做到了老板。和其他女人一样,她必须要衡量自身的优点并将其展现在工作当中。同时,她还要照顾自己的孩子和家庭。这就特别需要勇气,像谢利告诉我的那样:"尽管很长时间以来,我是办公室内唯一一个成天和一群男人打交道的女人,但是我却从未因此而放弃过做自己喜欢的事情。"

"有一天我的老板跟我说:'周五两点钟的会议需要你参加'。我说:'我不能参加会议,因为我要去看儿子的足球比赛。'很显然,老板对我的回应感到很吃惊。之后他说:'不行不行,你必须准时参加。'我告诉他:'很抱歉,我不能参加会议了。10 年后,没有一个人会在意谁参与过这个会议;但是 10 年后,我儿子却依然会记得我是否参加了他为之苦练的足球决赛。我答应过他我会去看他的比赛,所以我一定会去。我 1:30 就要去看我儿子的比赛,因为我必须要去。'我最后没有参加那个会议,他们对我进行了通报批评,但我的生活丝毫都没有受到影响。"

个人生活和职业生活每天都有交集。有人会告诉你两者不可兼得——而且你也无权得兼。但是正如谢利所领悟到的那样:给自己一个立场会让你变得更坚强,而且在很多情况下,坚持自己的立场并不是什么坏事。

不走寻常路

我有一个从事国际贸易非常成功的朋友。他最近很沮丧,因为他读大学的儿子在学校表现不好,而且不停地找他要钱。最后我的朋友忍无可忍了,他告诉他的儿子"滚出去,到中国去!"他的儿子非常害怕地问:"中国?"他哀号道:"我去中国干什么?"

"我不知道",我的朋友说:"我认为你会知道的,我会在北京给你找一所公

寓,然后你就要靠你自己了,当你在那边安定好了以后给我打个电话。"这是一个非常明智的做法。他知道他的儿子非常聪明,但是他也意识到儿子不适合常规的大学教育。与其不断强迫他儿子融入一个明显不适合他的环境,他决定孤注一掷剑走偏锋。他成功了。他儿子在中国茁壮成长,变得老练、成熟。父亲明智的举动改变了儿子的生活。

比尔·盖茨或许是不走寻常路的最好的例子之一。在读哈佛大三的时候,他告诉他的父母,他要请一个学期的假去经营微软公司——他和他儿时好友保罗·艾伦一起在阿尔布开克市创立的小公司。比尔的父亲告诉我:"这太打击我了!"但是比尔父亲的朋友告诉他,请一个学期的假对他的儿子影响不大。比尔一学期之后回到了哈佛,但是不到一个月保罗又紧急地把比尔叫回去了。"爸,妈,"比尔告诉他父母,"我必须再次回到阿尔布开克,以后等我有时间,我还会回到哈佛完成学业,但是现在我需要留在公司。"

他的父亲在回想到那个困难的通知时说:"这件事情让我们更新了自己的思想,更加地理解了年轻人。我们当时的思想还非常的传统。我们的想法是我们的孩子都要从大学毕业。而比尔决定辍学时,我们都感到很难理解。但是,我们毕竟在这个事情上也做不了什么,总不能押他回去上学吧?"

2008 年,从哈佛大学辍学 35 年后,比尔盖茨回到哈佛的毕业典礼发表讲话并接受了荣誉博士学位。他说:"爸爸,我一直都跟你说我会回学校拿到我的学位的。你看,我做到了吧?"他的确做到了,只是走了一条别人没走过的路。

让我说得更加清楚些:**我并不是鼓励大家辍学,而是人人都适合的方法并不一定是最好的方法。如果老路走不通,那么就走出一条新路。或许走出一条新路来并不轻松,也许路的终点与你的预期有所不同,但是开拓道路的过程本身就是你能得到的快乐和成就的一部分。**

扛上你的火箭筒

2008 年秋天,财政部长汉克·保尔森在国会之前作出了一项重大决议。他要求国会提供额外的财政支持来帮助摇摇欲坠的财政系统走出困境。保尔森称之为"扛上你的火箭筒",这个比喻给我留下了很深的印象。他说:"如果你在大街上

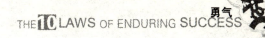

行走,口袋里揣着一支水枪而且任何人还看见了的话,那么别人也许会认为你没有资本,难成大器。但是如果你肩上扛着火箭筒,人人就都会知道你有资本而且你会在必要的时候使用你的资本。"

我喜欢这个火箭筒的比喻,这是关于自信的问题。自信的态度能够鼓舞士气。这将会有助于个人的成长。换种方式说,大胆就是美国人的行事方式。没人会告诉年轻人说:"努力工作你就会不赚不赔。"或"努力奋斗,要与他人平等"。我们是肩上扛着火箭筒的民族! 我经常会和一个朋友聊天。此人对金融体系很有洞察力,并且对金融系统的稳定性作了一个很有趣的调查。她问我:"经济暴跌到底是因为什么? "她的问题让我很吃惊。"暴跌的经济是很不稳定的。"我说。"正是暴跌的经济才造成了我们今天的处境。"

"对我来说,暴跌就是机会,"她耸耸肩说,"暴跌意味着财富的入口。繁荣的时期是很好,但是事情不是一成不变的。萧条允许人们以很低的价格进入市场。危机可以孕育出许多伟大的机会。如果只有繁荣时期,或者如果我们经济一直一帆风顺,那么就不可能创造出新的财富。"她改变了我对经济危机的看法。著名的纽约时报专栏作家、《世界是平的》一书的作者托马斯·弗里德曼,在我的节目上也发表过同样的看法。托马斯说:"我认为呢,19世纪,铁路的建设经历了繁荣、泡沫和萧条。但是最后它留给我们的是一个很好的纵横交错的铁路系统。网络经济的繁荣、泡沫、萧条留给我们的是一个很好的互联网结构。问题就是现在的金融繁荣,泡沫和萧条会给我们留下什么。现在很难从金融危机上看出会给我们留下什么,但是从历史的长河来看,它一定会留下一笔宝贵的财富。它号召我们看长远点,把我们最大的失败看做是成功之母。"

敢于冒险,但要谨慎

勇敢是说你要乐于冒险。要用知识武装自己,因为你的决定不仅会影响到你自己,也会影响到别人。我的一位很睿智的朋友曾经告诉我:"如果你想要冒险,那必须要走好每一步。"他解释道:"把自己想象成一只尾巴又长又重的恐龙。走路的时候你要当心是否有人在觊觎你的尾巴。"这的确是一个好建议,尽管对于金融行业的老板们来说有些迟。他们总是冒很大的风险,但却不会关心事情出现

偏差时会对整个社会造成的灾难性影响。反思金融市场的崩溃,努里尔·鲁比尼很直接地告诉我:"华尔街到处都是贪婪和傲慢。没有人愿意听取风险管理师的意见,冒险的人总是占据上风。他们创建了畸形的金融体系,所以金融发展并未能够拉动经济增长。"

　　这个教训应用在个人方面,就是说要习惯于检查我们自身行为会带来的后果,培养"思前想后"的习惯。希望每一个人都在生涯中尽早做到这一点,这样,等我们取得成功的时候,我们就会养成为社会负责的好习惯。也许现在你的"尾巴"并没有恐龙的那样巨大,它可能只影响到你最亲近的人。但当你的圈子和影响扩大之后,一些简单的如慷慨、推己及人的品质就会帮助你在成功的同时保持公正和仁慈。

I N T E G R I T Y

正直

做对的事情

正直是什么意思?这些日子媒体上报道了大量信用崩溃的事件。2008 年全球金融体系摇摇欲坠之时,暴露出了大量的诚信缺失。多年来它都一直带着漏洞运行,比如不切实际的 1 : 40 的金融杠杆和对房价的过高预期。一个简单的例子就是 20 世纪 90 年代的网络繁荣,投资者把大量的钱投到了网络公司里,因为当时任何公司的业务里只要有"互联网"三个字,它的股价就会一路暴涨。在 CNBC,我们过去开设过一个叫《比一比,吓死你》的节目。在节目上,我的同事大卫·费伯会对比不同公司之间的市值差异。有一次,他对比了福特汽车和一家不知名的卖比萨饼的网站的市值。福特公司的业务和估价是在实际利润和资金流的基础上作出的,而尽管卖比萨饼的网站业绩并不理想,但是由于它在网上有很高的点击率,所以它的市场价值居然比福特公司还高。这种做法完全泯灭了诚信。做这些事的人没有职业操守,把自己的核心价值抛到了九霄云外。

如何才能在这个纷纷扰扰的社会中坚持自己的原则呢? 有一个办法就是向德高望重的长者寻求指导。我公公索尔·斯坦伯格送给我们夫妻二人最好的一份礼物是两本银框的本杰明·富兰克林关于道德的长诗。索尔给我俩各雕刻了一本,两本书就放在我们各自的床头。富兰克林通过总结在生活中的一点一滴,写成了这本关于如何高尚生活的书。他挑选出了最伟大的 13 种美德,并决心——

追求这些美德。这些美德不但高尚而质朴,而且还广泛地涵盖了生活中所有的言行准则。更重要的是,每一条都适用于现代生活。

(1) 节制:食不过饱,酒不过量;

(2) 缄默:避免空谈,言必对己或他人有益;

(3) 秩序:放东西的地方和做事情的时间要心中有数;

(4) 决心:该做的一定要做,做就要做好;

(5) 节俭:对人或对己有益才可用钱,绝不浪费;

(6) 勤奋:珍惜光阴,做有益之事,少无谓之举;

(7) 真诚:不欺骗,有良知,为人厚道,说话实在;

(8) 正义:不做不利于人的事,不逃避自己的责任;

(9) 中庸:避免走极端,容忍别人对你的伤害,认为是你应该承受之事;

(10) 整洁:保持身体、衣服和住所的整洁;

(11) 冷静:不因小事、寻常之事,或不可避免之事而慌恐;

(12) 节欲:少行房事,除非考虑到身体健康或是延续子嗣;不要房事过度,伤害身体或是损害自己或他人的安宁与名誉;

(13) 谦虚:效法耶稣和苏格拉底。

本杰明·富兰克林对待他的美德项目非常认真。对于他来说,这些不是抽象的东西。正如他写道:"我做了一本小册子,每一美德分配到一页。每一页用红墨水画成七行,一星期的每一天占一行,每一行上注明代表礼拜几的一个字母。我用红线把这些直行画成十三条横格,在每一条横格的头上注明每一美德的第一个字母。在这横格的适当直行中,我可以记上一个小小的黑点,代表在检查当天该项美德时所发现的过失。"他把这种行为叫做养成美德的习惯。高尚的生活不会一蹴而就,它需要我们持之以恒。

建立自己的荣誉体系

正直并不只是不做错的事情,它还要求我们要做对的事情:融洽地与人相

MARIA BARTIROMO

处,无私地回馈社会。我们的个人生活和在集体中的一言一行都能直接反映出我们的为人处世。

正直不等于战无不胜,但毋庸置疑,它的确能给我们带来优势。正直的人往往很有吸引力。如果你是一个正直的人,你周围的人就会很自然地想与你相处。

正直是一种本性。每当站在一个抉择的分岔路口时,其实每个人的心中都有一条自己想走的路。

多年来,我采访了许多政商两界的高层。他们之中,给我留下深刻印象的往往是那些品行端正的人。虽然默默无闻,但他们确是顶起商界的脊梁。先锋公司的创始人杰克·波格勒自公司成立以来就一直不遗余力地为普通投资者开拓投资渠道。他创造的指数型基金就是为了向投资者提供更好的获利渠道。

嘉信理财的创始人查尔斯·施瓦布的商业信条就是诚信。他告诉我,“即使在事情进展不顺利的时候,只要你告诉客户真相,客户依然会付你钱”。这是他一直坚信的原则,这也是他从他父亲身上学到的诚信教育。查尔斯当然也渴望在商界的成功,当然也想赚很多钱。但一开始他发现想要既坚持自己的原则又做好工作是很困难的事情。商学院毕业后,他找到了一份财务分析员的工作。1962 年全美经历了一次大型股灾,而当时他才工作一年。眼见公司的情况江河日下,他非常想为集体出自己的一份力。他对老板说:“我们的客户在这次股市崩盘中亏了不少钱,我们应该体谅他们的处境。我们这个季度不应该收客户的钱。”

查尔斯回忆,他的老板沉默了 30 秒后蹦出了几个字:“你被解雇了。”

查尔斯家里还有老婆、小孩需要他养活,所以承受不起失业的代价。于是,“第二天我就夹着尾巴回到了公司,我跟老板说:‘我真的很需要这份工作。’”

尽管老板重新聘用了他,但他却陷入了到底是照顾业绩还是效忠客户的矛盾之中。对他来说,最难的就是应否劝客户投资股市。1974 年,他用自己家人和朋友投资创立了一家符合自己原则的贴现经纪公司。

我在几个不同的场合采访过查尔斯,他是一个从未背叛过自身原则的人。2009 年市场不景气的时候,我访问过他一次。访问中,他再次强调他要做的就是为所有依靠着公司吃饭的人负责。他承认:“过去的十年,投资者亏损得非常惨重。我们现在要做的就是为投资者们创造一个未来的黄金十年。这就是我现在的责任。”

是什么让他能在困难的时候也如此可靠呢？毫无疑问，是他平常诚信做人的生活习惯。

金融危机给我们带来了一个好的结果：全国上下展开了商务诚信的大讨论。这样的讨论在许多培养未来工商业领袖的大学中已经固定了下来。现在大学生求学就业的动机已经开始改变：金钱不再是第一要素，更多的人将眼光投到了金融业之外的广阔天地。2009年春天，一批来自哈佛大学的工商管理学硕士们提出了工商管理学硕士宣言。学生们可以自愿地选择是否进行这项宣誓。宣言的内容涵盖了所有职业道德和个人诚信方面的关键因素：

> 我将以最正直的方式行事，以符合道德规范的方式从事我的工作。
>
> 我将捍卫股东、合作者、顾客以及我服务的社会的利益。
>
> 我将老老实实地管理我的企业，提防那些有助于我自己的狭隘抱负但损害企业以及社会的决定和行为。
>
> 我将理解并秉持那些指导规定我本人操行及我所在企业操行的法律和契约，无论形式或实际。
>
> 我将为自己的行为负责，而且我将正确诚实地描述所在企业的绩效和风险。
>
> 我将提升自己以及我管理下的其他经理人，以促进行业发展，并为社会福祉作出贡献。
>
> 我将努力为全球创造可持续的经济、社会和环境繁荣。
>
> 我将为吾辈负责，他们也将为我负责，此誓为证。

在誓言上签字远不仅仅是走过场那么简单。它将在新一代的领导者身上产生积极的影响，督促他们对自己的行为负责。如此一来，整个商业经营的模式也将发生积极的变化。

吾日三省吾身

每次为内阁职位或法院任命职位而展开国会听证的时候，我们就会看到针对候选人所进行的非常缜密的调查。候选人生活的每个角落都会被曝光。他们缴

税了吗？他们有没有公开自己雇佣了保姆？他们停车的钱每次都交过了吗？他们有没有收受过贿赂？他们有没有在敏感话题上发表过过激的言论？他们有没有滥用职权为朋友提供过职位？他们是否曾经被解雇过？他们有否伪造过简历？他们是否曾经酗酒？他们有没有曾经因为动怒而说了一些他们不应该说的话？他们的兄弟姐妹或朋友有没有做过一些不应该做的事？

　　这个调查的残酷让我们大部分人可以感到一种宽慰：因为我们不必在全世界面前遭受审判。就我们自己来说，反省自己的人生，检查自己的诚信程度不失为一件非常值得去做的事。假如你进行自我检查，你会发现什么东西呢？扪心自问，并毫无保留地自我批评。做一个只给自己看的表格，然后关注那些自己做过的不该做的事，比如，你有没有偷税漏税呢？同时，我们还要细察自己每一天在道德和行为上有无过错。我们倾向于把焦点都放在大的问题上，但其实细节往往决定了成败。例如，当你看到一个在生意上很出色的人在通过电邮给朋友传送种族歧视或性别歧视漫画的时候，你会怎样评价这个人？当你看到一位同事把别人的努力当做自己的成就来讲的时候，你还会尊敬他吗？我们每天都在经历最平凡的考验，然而即便是在它们面前，我们都做不到尽善尽美。承认我们自身的错误，就是避免重蹈覆辙的第一步。

明明双手沾满了肮脏，就不要假扮白马王子

　　生活中我们经常可以看到那些不可一世的"伟大人物"们在爆出丑闻后落得身败名裂。纽约州前州长艾略特·斯皮策的"嫖妓门"就让他之前的高大形象轰然坍塌。但其实人们之所以会聚焦于他的丑闻主要是因为他之前营造的铁面阎罗的作风——他将自己塑造成一个毫无瑕疵的官员，眼睛里不糅一粒沙子。他在追查那些商界巨头的时候，如美国国际集团的汉克·格林伯格和纽约证券交易所的首席执行官迪克·格拉索，做法异常严厉，有人甚至批评他做过了头。斯皮策表现得像一个复仇天神：扮演了法官、评审团和刽子手的三重角色。与其说他是想伸张正义，不如说他想羞辱格林伯格、格拉索等被他盯上的人。人至察则无徒，他没几个朋友，不过他也不在乎。对他来说，什么事都是黑白分明的——直到他陷入巨大的性丑闻，并因此摧毁了他自己的事业。

我在一个派对上遇到约翰·怀特海德与他的妻子，当时他刚被类似艾略特·斯皮策的人追查完。73 岁的约翰是曼哈顿下城开发公司的董事长，长期参与社区活动。（他现在是世界贸易中心纪念馆基金会的董事长）约翰最近给《华尔街日报》写了一篇特稿批评斯皮策的无端调查并同时为汉克·格林伯格辩护。约翰指出：斯皮策没有任何真凭实据，只是在栽赃汉克。斯皮策在公众面前提及汉克的时候总是使用"骗子"这个词，这种泼脏水的做法实在为人所不齿。他这样做完全没有考虑自己的言行会带来的后果，一旦你说出这个词，公众就会受到误导，在社会上造成极其不良且难以消除的影响。

在派对上，约翰和我还谈到那份特稿发表后他所收到的一些反馈信息。他告诉我，他接到了斯皮策自己打过来的一个电话。斯皮策非常愤怒，并在电话里怒吼。斯皮策丧心病狂地说，这将会是一场战斗，而约翰已经打响了第一枪。斯皮策说他会向约翰报复，并会让约翰后悔自己写了那篇特稿。

当艾略特·斯皮策和妓女的秘密被曝光后，每个人的第一反应都是完全不能相信。这样一个毫无瑕疵的人怎么会让自己陷入一个这样的烂摊子里面呢？不过通过这件事，我们也不难推断：过去几年里，他肯定耍了不少花样来掩盖自己的龌龊事。

斯皮策早就应该意识到自己世事做绝的做法无疑是自掘坟墓。他的丑闻被踢爆后，没有一个人站出来为他辩护。他以扰乱别人的生活为代价而为自己建立起的正义使者的形象最终也没让他落得一个好下场。

民意测验专家约翰·佐格在斯皮策倒台后，在哈芬顿邮报发表了一篇发人深思的文章。他写道："斯皮策一旦瞄准了他的猎物，就会死死地盯牢它。一旦他决定下手，他就会无所不用其极地获取他的猎物，决不会心慈手软。斯皮策从未给予任何人丝毫的宽恕，因此他也无权奢望公众对他的原谅。"

纽约证券交易所的前董事肯·兰格恩，也曾是斯皮策调查的目标之一。他表示，斯皮策这种坏事做尽的伪君子早就应该受到法律的制裁。兰格恩在 CNBC 上表示："斯皮策诋毁了许多仁人志士的清誉。他这种血口喷人的做法实在让人后怕——感谢上帝！我没有被他泼脏水。我们死后都会因为自己生前做过的错事在地狱中受到惩罚，我希望到时燃烧他的地狱烈火会比其他人都要猛烈。"

只拿自己应得的回报

由于从小在父亲餐馆里长大，我很早就明白了"一分耕耘，一分收获"的道理：父亲辛勤的付出换来的是我们全家的温饱和欢乐。他用心地烧好每一道菜，餐馆凭借优良的美食和实惠的价格虏获了一方食客的欢心。而餐厅一天的营业所得就是对父亲辛勤付出的最直接的评价。做得好，你就会有回报；做得不好，你就一无所有。

我想我们很多人都是在这样一个基本的理念下成长起来的：我们的表现决定了我们的所得。而这也就是为什么社会上有这么多人谴责华尔街高管的过高收入的原因了。几乎所有人的薪酬都和他们的业绩直接挂钩，所以当人们听到华尔街高管在公司不景气的时候仍然领取着上千万美元的红利，他们就感到十分愤怒了。要知道许多华尔街的公司都还在因业绩下滑而享受着纳税人的资助，现如今公司业务没有起色，高管们反而把纳税人给他们的救命钱揣进了自家的腰包。我的一名观众愤慨地指出："你已经把你的公司搞成烂摊子了，怎么还有脸拿巨额红利呢？"

我不赞同政府去干预管理人员的收入，我认为这不是政府的工作。我相信自由市场。然而，关于高管报酬的争论却是对金融体系的一次彻底反省。通过这次反省，我们希望所有的商界领袖变得更加有社会责任感。

内尔·米诺是企业图书馆的主编和共同创办人之一，公司的业务涉及企业管理和薪酬研究。内尔·米诺向我详细地解释了薪酬心理学和华尔街高管的分红为何高得出奇。内尔解释道，在高级管理人员报酬增长这件事上有一种文化因素。她说："我总是说投资银行家是金融界的艺妓。因为他们会坐在首席执行官的身边陪他们说笑，他们会奉承说这些首席执行官们都是男人中的男人。他们还会邀请首席执行官们一起去购物。而这些首席执行官们看到这些投资银行家时就会对自己说：'这些人赚得居然比还我多。我可是巨人啊。身为一个大公司的首席执行官，我对所有的雇员和顾客都要承担责任。这些投资银行银行家做的只是让数字转来转去，他们凭什么挣那么多？所以我要赚得比他们还多！'"正是这种嫉妒的循环让高管的薪酬水涨船高。内尔指出，首席执行官们觉得他们逐渐增加的收入是他们理所应得的。而他们又和董事会成员包括那些服务于薪酬委员会的人保持着亲密的关系,所以董事会也很容易批准他们的加薪请求。

诚然,美国是一片充满机遇的土地。但是当有人丧心病狂地只顾自己挣钱,不管别人死活时,我们还是会感到无比的愤怒。当我们的孩子看到那些平庸的领导人在公司处于危难时仍获得无节制的回报的时候,我们还如何能鼓励他们追求卓越呢?与能力和成绩脱钩之后,报酬的意义又在哪里呢?如果唯利是图、违规经营算是犯罪的话,那罪犯应该拿到报酬吗?贪婪有好处吗?当然没有!那么,我们在关于薪酬的争论中学到了些什么呢?

尽管我们倾向于一棒子打死所有的财务主管人员,但我不得不说这是不对的。我认识一名美国国际集团的前员工,他得到了 3 000 美元的红利。但即便分红的数额如此之少,他的名字还是出现在了红利名单上。有一天,他往窗外看的时候发现一些纠察员和摄影组出现在了他家的草坪上。他和他的家人很多天一直在家里被人监视着。显然,他并不是成为企业贪婪的代表人物,但发生在他身上的事却还是折射出了公众的愤怒。

我从没有听过谁会嫌钱赚得太多。但许多金融机构,特别是次级房贷机构的牟利方式却是通过损害他人的利益而中饱私囊。当灯光熄灭,你要单独面对自己的良知时,你的诚信就会要求你为自己的行为给出一个诚实的解释,要求你为自己的过失赎罪。

我读到过一位主管如何处理薪酬以外得到的一笔横财的故事,读完之后,我深受感动。博林杰保险公司的首席执行官杰克·温多尔夫在 2008 年出售了公司51%的股权并得到了 50 万美金的递延补偿。他拿到钱后给他的 434 名员工每人发了一张 1 000 美元的支票。他把这一举动称之为"一揽子迷你刺激计划":他相信这是一个公平分配财富的方法。他的举动惊动了媒体,一时间新闻报道里全是杰克·温多尔夫的慷慨事迹。而他的举动在好几天里一直被认为是一个暖人心扉的故事。为什么这个举动会让这么多的人感到温暖?因为当有人做了正确的事情的时候,我们都会认可和赞扬他们的举动。

MARIA BARTIROMO

讲真话

　　像所有的小孩子一样，小的时候，父母和天主教学校的修女们就教育我们不要撒谎。那时即便撒过谎也都是些小孩子们玩得的微不足道的把戏，顶多也就编编说作业做完了或者做过家务了。在天主教教堂的教义里这些谎言都属于可以原谅的过失。

　　说真话只是教育小孩时候的说辞，成人世界的复杂与真话显得格格不入。比如，有人说过："诚实固然好，但也不是没有比诚实更好的法子。"

　　艾伦·格林斯潘十分诚实地向我坦白过：他在国会回答问题的时候，经常会采取模糊处理的方法。他称之为"官话"。他告诉我："语言上故意地模糊回答是要避免提及某些你明明知道但却不能回答的问题。当一个国会议员问我一个问题而我不想说'不予置评'或者'无可奉告'的时候，我就会故意用几句费解的话去回答他。那个国会议员会认为我已经回答了他的问题，然后就会跳到下一个问题。"

　　格林斯潘的方法可能会被形容为一举两得———一个在政治环境中有用的技巧。他把责任推给听众，让他们自己去作更深的探索。在格林斯潘的例子里，有时候模糊回答是必需的，因为作为美联储的主席，他不经意间的一句话都有可能引起市场的强烈波动。

　　但对于大多数人来说，王顾左右而言他并不是一种好的说话方式。相反，这是一种诚信的后退。雪地里埋不住死人，真相总有一天会袒露在阳光之下。我见证了安然公司伪造业绩，欺骗市场的行为。它隐瞒了上百亿美元的债务；在危机恶化的时候依然不肯公开真相。这是一个精心编制的谎言，但谎言终究还是谎言。真相大白后，安然公司的领导人被判处巨额证券欺诈罪。董事长肯尼思·莱死于心脏病发作，他死时还正面临着23年的监禁。首席执行官杰弗里·斯吉林被判处了24年监禁。很多人说现金流是不会说谎的；因此，假如你要寻找一个公司的破绽，就务必去查看它的现金流。现金流会告诉你一个公司的真实状况。

　　当你考虑加入一家公司的时候，请坚持诚信，不要背叛自己的内心。以诚信为基础去加入一个公司，并为那些鼓励广开言路和支持不同意见的领导效力。同时记住:**谎言哪怕再小也会像病毒一样疯狂地传播和变异**。

做个好人

你最敬仰哪种人? 你最想成为什么样的人? 对我自己来讲,我最崇敬率直和宽容的人。我喜欢待人友善、亲切友好的人。我认识许多所谓的名人,尽管很成功或者至少暂时还没失败,但是都非常的冷酷无情。他们拥有财富和地位,但他们成功的根基却并不稳固。真正成功的人都能做到亲切待人。他们关心他人,总是给予需要帮助的人建议和支持。我丈夫就是这样一个人。他经常很自然地为他人着想,帮助他人。不管多忙,他总是能抽时间去关心别人。

我丈夫的家庭背景与我自己的成长经历大相径庭。他小时候就学到了很多别人身上所没有的东西。作为伟大金融家索尔·斯坦伯格的儿子,他一出生便拥有特权。成长的过程中他拥有很多物质上的优势。在外界看来,他似乎过着令人陶醉的生活。但尽管他拥有物质享受,他也领会到了金钱买不到快乐这个简单的道理。他看到了父亲企业的失败,读到了媒体对他父亲的诽谤,更看到了成功的光芒其实是短暂的。他明白了,那些在你成功的时候崇拜你的人也随时准备在你失败的时候谴责你。因此,他养成了用平常心来看待成败的习惯。

丈夫家人之间的关系极为亲密,他跟他母亲的关系非常好。他母亲在我们结婚后几个月就去世了。她的去世增强了丈夫追求人生中真正重要的东西的渴望。

他从没有向公众炫耀过什么。他总是低调做人,勤奋做事。他是我做人的榜样。每当我要作出重大决定时,丈夫总是可以为我指出一个正确的方向。他不想别人只是因为他赚钱最多而记住他;他更想成为一个别人有困难时都会第一个想起的人。他乐于助人的精神尤其让我着迷。

自己的成功未必要以他人的失败为代价。谁都想做好自己的工作,达到自己的事业的顶峰,但这并不意味着我们必须干掉竞争对手。与其算计别人,不如聚焦在自己的实力上, 抽空多提高自己的技能。通过与自己竞争来证明自身的价值。我就是依照这个原则生活的。

杰克·韦尔奇告诉我:"最伟大的老板往往是最慷慨的老板。他们应当喜闻乐见员工的成长、加薪和升职。"杰克本人就是这样一位伟大的老板。他对员工的慷

慨在我们公司是一段佳话。我问杰克，"要是你没钱的话，你还会继续保持你的慷慨吗？"

他回答说，"重要的不是钱，而是对员工的认可。如果你正在经营一个小的公司，那么你就和所有的员工一样与公司的兴衰与共。当你们拿到一个大订单的时候，你们可以开个比萨饼聚会庆祝一番。这样的奖励机制一定要保持住。给员工的奖品不一定非得是一辆奔驰车或者蓝筹股一样的贵重奖励。对团队付出保持自始至终的肯定是公司从成功走向成功的关键。"杰克告诉我当他在担任高中曲棍球队队长和在大学打曲棍球时曾学到这样一课——他说："我当时最迫切的希望就是我们的队伍能赢，每个人都能分享成功的喜悦。后来，我在对待生意时也就是这个想法。"

这是很简单的一课：**保持努力，做正确的事情，坚持团队合作，不要将自己的成功建立在别人的失败之上。只要你能做到以上几点，无论你走到哪里都会是别人尊敬、爱戴的成功人士。**

担负责任

每个人都会犯错，没有谁可以在成功的路上不犯一点错误。对自己的错误负责，我们就可以开辟出解决问题的道路。承认错误需要勇气，但只要坚持，我们就可以养成敢作敢当的好习惯。我就慢慢地爱上这么做了——勇敢地站起来承认："我，是我干的。"承认自己的错误能够给我们带来一种释放和信心。勇于承认自己的不足可以为我们省下很多的精力：我们不再需要做出完美的假象，不再需要隐瞒自身的缺点，也不用再把自己的过失推卸到别人身上。

2007 年的情人节下了一场大雪。大雪和随着而来的总统纪念日假期带来了许多的航空客流量。而在此时，由于决策不善，捷蓝航空公司的航班大规模延误，造成了成千上万旅客的滞留。很多旅客被滞留在停机坪上长达 10 个小时之久。也许有些航空公司的老板可能会把这一切归咎于那个陈词滥调"我们掌控不了天气"，但捷蓝航空公司的老板大卫·尼尔曼却没有这么做。他在我的节目、电视新闻、大卫·莱特曼今日秀、报纸上以及自己公司的网站等众多媒体上公开对全社会道歉。尼尔曼说："我们非常抱歉，我们为自身的无能感到羞愧。消费者们理应从我们这里得到更好的——比我们目前的水平更加优质的服务，而我们却令你们失望了。"他真诚而及时的补救，成功地保住了企业的形象，赢得了消费者的谅解。

金融体系的崩溃已经证明了个人责任的重要性。在日常生活里，我们不必等诚信警察来强迫我们对自己的行为负责。当别人纷纷逃避责任，我们完全有能力站出来勇敢地为自己的行为承担后果。

白日不做亏心事，夜里不怕鬼敲门

很多人大概都想知道伯纳德·麦道夫晚上怎样能睡得着。他如何能够每天都生活在一个巨大的谎言里？如何能在欺骗了所有人后还做到面带微笑？每个人都曾经敬爱和相信过伯纳德。我曾听说那些反社会之人实际上会睡得很好，因为他们根本就没有良心，所以也就无畏自身良知的责罚。我们不知道伯纳德是一个反社会分子还是一个骗子。但他之所以最终拆穿自己的谎言并不是因为他良心受到了谴责，而是因为他实在已经穷途末路。只有当资金注入，一个骗钱的骗局才能运作。但当市场衰退时，投资者就会抽资，而骗局自然也就不攻自破了。雪地里埋不住死人。伯纳德明白这个道理吗？还是他已经自大到认为自己的谎言永远都不会被揭穿呢？

他的骗局给不少企业、慈善机构和个人都造成了无法估量的损失。伯纳德欺诈阴谋的破灭在美国引起了连锁反应，全国各地不少城市都爆出了不少"小伯纳德"。从前不少悬而未决的欺诈指控，在这次事情后纷纷在审理上取得了惊人的进展。英国的金融家艾伦·斯坦福爵士也爆出了丑闻。他拥有的斯坦福金融集团也因为类似伯纳德的欺诈行为而受到了指控。这样的例子举不胜举，不少理财顾问都利用职务之便窃取、滥用委托人的私人财产。

看到这些个人的时候，我们都会告诉自己：他们跟我们是不一样的，我们从来都不会背叛自己的诚信。但是地狱之路都是由我们用生命中的"小石头"一块块铺成的。我不相信那些大骗子们一开始就制订了金额高达数十亿美元的诈骗计划。可能他们习惯了轻松得来的胜利故而不能忍受失败。可能他们习惯了纸醉金迷、骄奢淫逸的生活而不甘心一败涂地。因而，为了得到不应得的东西，他们不

断地编织新的谎言去圆旧的谎言。

朱克曼的公益信托在伯纳德的欺诈中损失了 3 000 亿美元。他不解，为什么伯纳德在这个骗局就要瓦解的时候没作任何的补救。朱克曼告诉我："在某种程度上，我不明白他为何会损失 500 亿美元。我的意思是，要是他把钱白送人了，那也就算了。但他看起来明明在投资获益方面颇有见地。"他对伯纳德的无动于衷感到困惑。他觉得哪怕伯纳德当时跟投资者们坦白，把投资者的本金还给他们也是一种可以接受的做法。但是他就是选择了袖手旁观，眼睁睁地看着投资者资金蒸发殆尽。这能说明什么？只能说明他压根儿就不在乎投资者的死活。他可能因为知道要面临牢狱之灾而流过一两滴眼泪，但他的眼泪绝不是为那些受害者而流的：他只是害怕自己会适应不了铁窗里的生活。

在 2009 年 6 月 29 日，地方法院法官丹尼·金宣布判处伯纳德·麦道夫 150 年监禁。他在宣判时说："在这里我要向全社会传达这样一个信息：麦道夫的罪行天理不容。这种对金融体系不负责任的操纵并不仅仅是一场发生在纸上的不流血的金融犯罪，它让无数人的生活都陷入了困境。"

所有的人都为这个判决欢呼，因为这是美国法律所允许的最严厉的判决。不幸的是，无论多长的监禁都无法补偿人们在这个骗局中所损失的财产和个人幸福。

尽管伯纳德·麦道夫需要为他自己的行为负责，但他通向监狱的路却是由于投资者和基金经理人们的盲目和贪婪所铺就的。他们未经考虑就加入了伯纳德的高级俱乐部。他们认为自己高人一等，因为他们能够出席只有特权阶层才可以参加的聚会。他们因为财迷心窍，所以放松警惕，中了圈套。他们生活在伯纳德为他们创造的高高在上的平流层里。那里空气稀薄，所以他们也就呼吸不到常识和良知的氧气。而当伯纳德摔得粉身碎骨的时候，他们也就轰然倒下了。

A D A P T A B I L I T Y

适应能力

迎接变革

2009 年 6 月 CNBC 派我到俄罗斯采访，我到达的第一站是莫斯科。我的参访计划是在红场做一次直播的《收市钟声》，然后采访俄罗斯总统梅德韦杰夫。结束后，接着前往圣彼得堡参加圣彼得堡国际经济论坛。

在飞机上，我不由得对我这次行程感到惊叹，因为如果是在几年前的话，这次采访是绝不可能成行的。我没有想过俄罗斯会主持一个全球性的经济会议，或者俄罗斯总统会跟我坐下来就全球经济的未来进行公开的讨论。这次经历绝好地证明了一切改变皆有可能，而我们也只有紧跟新的形势才不会被淘汰。

俄罗斯是一个经历了诸多重大的变化的国家，这里的人民也为能够适应新的条件而付出了许多。当我和俄罗斯的一个主持人谈论到俄罗斯从社会主义到资本主义的转变时，他回忆起了苏联时期的人民生活。他说："在苏联时期，无论你走进哪一家商店，里面所有商品的价格都是一样的。而且商品的颜色和款式没有一点差异。男人穿的衣服不外乎蓝色、灰色和黑色，而且基本上都是一个样式。到商店去买家庭用品时，一件商品如果在我家附近的一个商店卖 3 卢布的话，那在几公里外的另一个商店它也肯定卖 3 卢布。但后来去了伦敦上大学以后，我才发现一样的产品在英国要卖相当于 5 卢布的价格。当时我就想：'这简直就是欺诈嘛!我知道那个东西只值3卢布,怎么就能标5卢布的价呢!'但事实上它一点都没有在欺诈。市场接受了5卢布的价格。我之所以觉得奇怪是因为苏联当时实施计划经济而英国却实施市场经济。"他对自由市场的认识非常有趣。他说当苏联解体后,俄罗斯并没有准备好迎接市场经济的到来。因此,当时许多"精明的流氓"利用制度漏洞低价买入大量的商品后囤货居奇,高价售出。等到普京上台时,俄罗斯刚好处在了百废待兴的阶段。

我们访问俄罗斯的每一个细节都被提前安排好了,我甚至在纽约的俄罗斯大使馆跟他们的使馆人员事先交代了采访的内容。当时双方的人员都非常紧张,那种气氛好像情窦初开的男女第一次约会一样。美俄两国的关系并不是很融洽。鉴于两国长期敌对的历史,我们在探讨采访事宜的时候都非常谨小慎微。后来在红场上录制《收市钟声》时,我不禁打了几个冷战,因为我想起了小时候被灌输的冷战思想——那时学校告诉我们红场是邪恶力量的中心。类似这样的旧观念一定程度下仍然流淌在我们的血液里。我们不能让它们一夜间就神奇地消失。然而,我们却可以敞开心扉,兼容并包。尽管变革来得很慢,但我们还是要耐心地等待它,迎接它。

对于美国来说,俄罗斯是一个不可思议的国家。它有着古老的历史,而现在它正大踏步地走向现代化。俄罗斯人中不乏受过高等教育的专业技术人员,当你跟他们讲话的时候你就会感受到,你能从他们身上学到很多东西。俄罗斯很注重教育,俄罗斯的数学、科学和工程学的教育水平都很发达。普遍的看法是——俄罗斯在这些领域中的人才简直称得上是冠绝寰宇。俄罗斯培养过许多的天才——科学家、数学家、舞蹈家、象棋冠军和像谷歌公司的谢尔盖·布林那样的技术奇才。

但是为什么每年都有许多的人才选择离开俄罗斯?经济收入可能是一个原因。俄罗斯的经济在金融危机中受到了重创。国家面临双重的压力——全球信贷危机和石油价格的下降。目前,俄罗斯的失业率居高不下。同时,还有许多人并不相信俄罗斯的司法体系。他们担心俄罗斯政府会临时改变游戏规则。而比尔·白劳德的不公待遇所引起的后续效应就表明了:法规上的反复无常会伤害到在俄罗斯的外国投资。

赫密塔吉基金管理公司的首席执行官比尔·白劳德曾经是俄罗斯最大的投

资商。他公开描述了自己在俄罗斯的经历,并嘲讽俄罗斯政府的作风极富"卡夫卡风"。2007 年,俄罗斯内政部的官员突袭了赫密塔吉葡萄酒公司的办公室,扣押了公司的文件、电脑和各项证书。通过没收集团的重要文件,俄罗斯政府成功地吞并了几家集团旗下的子公司。然后这些国有以后的公司又通过伪造文件欺骗了俄罗斯人民 2 300 万美元的退税。白劳德告诉我如此大规模的骗税行为在没有俄罗斯政府高层支持的情况下是不可能发生的。直到今天,官方都没有就此事作出调查。白劳德曾经极力恳求俄罗斯媒体对他的遭遇进行报道,但最终没有一家媒体肯站出来主持公道。万般无奈之下,他只好在网站上发布了一个视频,以求揭示真相,并劝阻投资商不要到俄罗斯投资。很明显,假如俄罗斯想成为一片充满机遇的土地,它必须根除腐败。俄罗斯总统梅德韦杰夫告诉我俄罗斯正在适应全球经济的变化。他表示,俄罗斯是一个高度法制化的国家,希望能有更多的外商来俄投资。但是要成功达成这个目标,俄罗斯在经济上还要进行许多改革。它的整体经济应该要减少对能源出口创汇的依赖,实现经济结构的多样化。依靠科技进步实现经济增长就是一条不错的道路。科技将为俄罗斯的整个工业体系带来质的改变。然而,科技创新并非易事,不过,俄罗斯的领导人已经意识到必须要用新的方式应对经济全球化所带来的挑战。

俄罗斯是一方充满机遇的沃土。它地大物博,盛产多种矿种、金刚石、银矿、绿宝石。它还是世界上最大的产油国。采访之前,我就很期待与梅德韦杰夫总统探讨俄罗斯将采取什么样的措施应对 2009 年严峻的经济形势。

我与梅德韦杰夫总统在他位于度假胜地巴尔维哈的官邸会面。44 岁的梅德韦杰夫看起来非常的年轻,一副干劲十足的样子。他深受俄罗斯民众的爱戴。增加俄罗斯的财富和恢复俄罗斯的世界强国地位是他施政的目标。尽管很多人认为梅德韦杰夫只是总理普京的代言人,但梅德韦杰夫却将俄罗斯理解为国际社会的一部分,因此,他认为国际社会适用的准则在俄罗斯也同样适用。由于金融危机对俄罗斯的巨大冲击,他在我这个美国人面前表现的气势并不是很足。

我和我的制作团队在总统到达之前率先赶到了采访地点布置采访。我们从官邸的后面绕行过了一块安全区域,然后从后门进入了采访的房间。房间非常黑暗,但厚实的实木家具和巨大的壁炉使得房间充满了一种庄重的"总统"气息。

对于观众来说,这样的背景在电视上看起来会显得非常的肃穆和宁静。但其实在我们拍摄的过程中，有 20 多个人在镜头后面各自忙活着。他们中有 2 名 CNBC 的摄影师，3 名来自俄罗斯电视台的摄影师、2 名音响工程师，我的制作人和几位克里姆林宫的官员。我们隔壁的房间里有 2 名口译员在紧张地调试翻译的设备。尽管梅德韦杰夫总统会讲英语，但在这次采访中，他是通过翻译用俄语接受采访的。

在等总统到来的时候，我坐下来开始整理我的笔记。我整理得出了神，没看到梅德韦杰夫总统已经进入了房间。他冲着我热情地微笑，我由于反应不及而吓了一跳。尽管他身上散发出无限的魅力，但他一旦开始接受访问，谈的就全是经济。我们聊了大约 45 分钟。总统对于俄罗斯的经济困境直言不讳，他的直白让我大吃一惊。他说："我非常担忧俄罗斯目前的经济结构。依靠原材料出口赢利的经济结构已经过时了。"但他仍然很乐观，他相信俄罗斯有能力适应新的经济形势。他告诉我："危机不仅是我们生命中的一个起伏。它更是命运给我们的一次机会。我们必须去利用这个机会改变落后的经济结构。"

采访之后，总统梅德韦杰夫提议我们到官邸的空地走走，我欣然地接受了。花园的风景十分美丽：四周的树木郁郁葱葱，花园的中央还点缀着一个喷水池。我不得不承认这一刻对我来说好像置身梦境中一般。我感到很幸运自己能有这样的机会来到俄罗斯的"后花园"。我的脑海里回旋着一个巨大的声音：这个世界正在改变，俄罗斯如今也要努力地适应新经济时代的需要。

在圣彼得堡的国际经济论坛中，我与梅德韦杰夫总统，德国前总理格哈德·施罗德、菲律宾总统格洛丽亚·马卡帕加尔·阿罗约、日本首相小泉纯一郎、哥伦比亚大学经济学教授罗伯特·蒙代尔共同出现在了一个舞台上。我还主持了一些由世界上最优秀的经济学家参与的专题讨论，参与的人员有戴姆勒克莱斯勒集团总裁迪特尔·泽金、花旗集团首席执行官维克拉姆·潘迪特、俄罗斯联邦政府经济部长埃莉维拉·纳比乌林娜、渣打集团前首席执行官现任英国贸易部长劳埃德·戴维斯。各位发言人的水平之高前所罕见，关于政府所有制对经济发展的作用展开的讨论尤为引人注目。

讨论组成员和听众都一致认为在可预见的未来政府在商业中将扮演极其重要的角色。大多数专题小组成员一致认为实行政府所有制是必要的。但这样做的结果是好是坏就是另一个话题了。经过反复的讨论后，与会代表达成了一个共

识:"我们已经进入了一个新的时代,我们必须适应新的现实情况。"

　　晚上,我回到了自己的房间。虽然一天的工作让我精疲力竭,但今天的讨论还是让我非常兴奋。当我向窗外遥望圣彼得堡明亮的天空时,我顿时感到一阵目眩。这就是著名的"白夜"现象。在暖和的季节里,这里的白天可以达到一天 20 个小时,而且 24 小时都不会全黑。午夜那明亮的天空让人不禁心神荡漾。

　　身处在圣彼得堡这样的历史名城中不禁会感到一种苍凉的历史感。起程离开前,我参观了位于市中心的涅瓦河边的国立艾米塔吉博物馆。它是世界上最古老的博物馆之一,由叶卡捷琳娜女皇在 1764 年修建而成。博物馆收藏了世界上最多的史前艺术品和工艺品。行走在宏伟的建筑中,将各种奇珍异宝尽收眼底无疑是人生最好的享受。令我印象深刻的不仅仅是博物馆宏伟的格局和珍奇的收藏,更多的还是俄罗斯灿烂的文化和勇于创新的精神。参观完博物馆后,我对俄罗斯的未来信心百倍。我更加坚定了自己的世界观——比起分歧来说,我们更多的是相似。

成为一个进化论者

　　查尔斯·达尔文曾经写道:"不是最强壮的物种可以生存,也不是最聪明的物种可以生存,而是最能适应改变的物种才能生存。"这是达尔文进化论的核心观点,除了在生物界外,在其他领域适者生存的道理也同样适用。例如,每个媒体人都要不断地适应瞬间万变的环境和始料未及的突发危机。今天我们面对着一个 5 年前几乎想象不到的形势。而能够在危机中生存下来并成长起来的人将会最终得到进化。这是持久成功的一个真正准则。

　　处在夕阳产业的人很艰苦,但这也是人类为了鼓励创造而必须付出的代价。我认识很多新闻业的人,他们对于近几年新闻业的衰退而痛心疾首。每一位新闻从业人员都很热爱自己的行业。然而,就在去年,一些昔日风光无限的大报纷纷从人们的视野中消失了。不少普利策奖的获奖记者都难逃下岗的劫数。虽然改变带来的影响是巨大的,但同时它也是完全可预见的。

　　人是一种很奇怪的动物:我们既会很轻易就被新事物所蒙骗,也会很容易地就被旧事物所羁绊。从 20 世纪末 21 世纪初开始,社会上就到处弥漫着一股"技术改变社会"的盲目乐观。技术的繁荣事实上是压注新世界的一次豪赌,赌的就是我们会不会接受科技带来的改变。当时人人都以为这次豪赌的赢面很大,靠网络公司发家的新贵们被胜利冲昏了头脑。各行各业中都出现了大量的辞职,人们成群结队地离开他们以前的工作岗位加入网络公司的创业潮。他们抓住这个难以想象的机会,但却没有看到这种快速的增长其实是非常的短暂。所有人都被泡沫带到了天上,而当泡沫爆裂时,他们又跌得粉身碎骨,赔上了所有的身家。

进化论说的不只是改变的必要性。正如新闻业的发展所折射出的道理一样,改革的步伐也很重要。当不再有人愿意花钱买报时,报纸的老板不能立刻就停刊转而在互联网上出版。尽管改革会遇到困难,但真正有智慧的老板还会稳步地实施改革,逐渐地将报纸的内容和版面刊登在互联网上。只有那些经过长期摸索、发展出一套把平面媒体的内容巧妙地放在互联网上,并赢得固定的读者群的报社才能在激烈的竞争中生存下来。稳扎稳打、步步为营是取得改革成功的关键。

我自己总是在不断地学习、使用新技术。在面对新技术的时候,我们要重点了解使用可以增强信息获取的技术,忽略那些没有多少意义的新技术。记住,新的不代表是好的。

避免沉湎于怀旧当中

马克·埃克是一位年轻有为的企业家。他总部设在纽约的时装公司引领了新一代的时尚风格。马克以他新锐超前的思想走在潮流的尖端。纽约市为纪念言论自由举行了一次巨型户外涂鸦展览,而他就是主要的涂鸦艺术家。此外,他还花费752 467美金购买了贝瑞·邦兹打破756次全垒打纪录用的棒球。马克是一个平等主义者,他专门开设了一个网站让网友们投票决定如何处理邦兹的棒球。他得到了超过100万张投票。网友们投票决定:在棒球上贴上星号后送到纽约库珀斯敦的棒球名人纪念馆("星号"象征着邦兹可能服用过类固醇)。

马克参与了我的创新系列节目的录制。他的许多观点都为我带来了启迪。其中,最让我震撼的还数他提出的"怀旧瘫痪"的观点。他说:"根据我自己的经验,你不能冒着牺牲自己前程的代价而抓着过去不放。不要一遇到新事物就抓耳挠腮、翻着白眼说:'我从来没见过这。'成功像一个勾引男人的女人,而当她出现的

时候,她常常穿着很暴露。你不能老是根据自己的经验,用落伍的条条框框去看待她。"

沉迷于过去会让整个企业都成为牺牲品,接下来是一个关于柯达公司的例子。采访柯达公司首席执行官安东尼奥·佩雷斯的时候,他谈到了公司进行数码转型时的困难。当时,他的公司正面临着严重的危机。他于2003年接管柯达公司,正值公司发展的彷徨期。在他的团队里,有些人反对进入数码领域。这些人说:"我们以制造和售卖胶片为生。"但当我在公司里四处走动,问员工:"你们有多少人家里有数码相机?"最开始他们当中有30%的人在用数码相机,后来这个数字到了40%,再后来50%,再后来60%。因此我告诉他们:"事已至此,我们要不就改变,要不就被淘汰。"

"大约三分之一的人同意开展数码业务,另外三分之一的人坚持扩大胶片业务,而最后三分之一保持中立。于是我就和支持我想法的员工一起开始实施我们的数码化计划。"安东尼奥·佩雷斯在拓展数码业务上毫无选择:如果不跟上时代,柯达公司的生存都将成为问题。最终,那些强烈反对数码业务的员工不得不选择是否继续留在团队中。尽管这种局面并不愉快,但如果不拓展数码业务,就没有人可以继续留在柯达的团队里。

最近,我在纽约大学的董事会担任董事。78岁的董事长马蒂·利普顿作了一个很深入的观察。曾在金融体系中作出多项创新的马蒂警告我们:"不要迷恋书本理论之中而忽视了正在改变的现实。"他说得很对。学会放手,哪怕是抛开你认为是最好的点子,将帮助你战胜危机,走向成功。要做到放手并不容易,但有时候为了生存,我们都必须放弃一些东西。

很多人都幻想着再次回到从前最好的日子里生活。他们就像曾经的高中橄榄球明星,只会看着他们的奖杯缅怀过去的辉煌。念旧是人之常情,偶尔想想过去能给我们带来欢乐和慰藉。不过,正所谓好汉不提当年勇,昨天再好,毕竟只是昨天,而我们要面对的却是今天和明天。

发现自己的不足

我们知识的体系都存在漏洞,查漏补缺的工作能够帮助我们成为更完整的人。我的历史学得不好，因为上学的时候把精力都放在了经济学上。但我的丈夫却是一个博览群书的人，他熟读名人传记，对于美国开国元勋的事迹了然于胸。通过跟他的对话和阅读他向我推荐的书籍，我逐渐地开始填补我在历史领域的知识漏洞。

我注意到同样的事情也发生在了我的观众身上。2008年的金融危机袭击前，《收市钟声》的收视群是年收入达数百万的精英阶层。他们中的很多人都是专业的投资者。但危机来袭之后，各行各业不同阶层的人都开始收看我的节目了。他们都突然间注意到了我的节目，因为他们通过我的节目学习和了解市场，因为金融危机让他们认识到他们的命运与市场走势息息相关。

我钦佩奥普拉·温弗瑞的勤勉好学和与观众分享自己所学的热情。她并不掩饰自己的知识漏洞。当我去参加她的节目时，她毫不犹豫地问了我一些很基础的问题："什么是股票？什么是全国证券交易商自动报价系统协会？什么是联邦社会保险捐款法？"她很大胆地承认了自己的不足，并且努力地学习了理财知识。

她告诉我，"小的时候，父亲会对我说：'把你的零用钱攒起来放在鞋盒里。'于是当我开始赚钱以后，我就习惯了把钱都存在银行里。我不放心其他的理财渠道，我总是想说：'让我看看我的钱。把钱给我拿出来！'但我现在好多了，我正在学习。"

我在奥普拉脱口秀上聊得很开心，她的好学让我和她相处起来很享受。奥普拉成功的关键就是因为她把自己放在一个普通人的位置并懂得他们想要学到什么。每期节目都能做到寓教于乐的效果，观众在看完节目后会由衷地感叹："我今天又学到了些新东西。"

当然，无论你身处哪个行业，你都不能停止学习。道理就是这么简单，你不仅要求自己这样，也希望别人会和你一样好学。你希望自己的私人医生从医学院毕业后就停止学习吗？当然不是，你肯定会希望她可以跟上最新的医学发展，这样你就可以得到最好的医疗服务。

我一直对通用电气的培训机制刮目相看。通用电气每年花费超过10亿美元在纽约克伦敦威尔领导人教育中心进行领导力培训。我在那里听过关于领导力的课程，他们教我的方法让我受益匪浅。

杰克·韦尔奇是一个很好学的人。虽然他已经年过古稀,但他仍然没有停止学习。杰克告诉我:"渴望学习是成功的关键。通过学习,我每天都会变得更聪明一些。我就很渴望学习。每到一个地方,我都很想了解当地人的生活习俗。我认为这是世界上最令人幸福的事。当你在吸收新的信息的同时,你也在改造你自己,让自己变得更加强大。"

积极适应新的环境

不要等到危机到来才发现自己适应不了。生活中每天都会发生许多意想不到的事情——临时保姆没有到来;地下室在暴风雨中被淹了;老板把一个很紧急的项目丢给你;高速公路上出现交通意外而你约会迟到了。这些普通的事故都需要我们去应对。如果我们能够处理好一个个小的意外,那么在大的危机来临时,我们就能更有经验地应对了。

生活中,我经常会遇到一个精心的计划在没有实施之前就因为临时的变动而胎死腹中。这就是我工作的本质:我必须很快地转换方向。无论从事什么职业,适应能力都是必备的。我父亲在经营餐馆时就展现出了他的应变能力。准备食材的时候,父亲有时多买些菜却遇上了饭店人少的日子;又有时候,他少买了菜,却遇到了餐厅人满为患的情况。父亲就是通过不断地协调,不断地平衡从而掌握了备菜的诀窍。同样,我的母亲当时既要照顾孩子又要上班。只要有一个孩子感冒了,她就要重新安排自己的行程。尽管负担很重,但她从没有为此恼火。直到后来我自己工作了以后,我才体会到了母亲当年身兼数职的艰辛。她从来都没有在我们面前表现出丝毫的压力感,她是一个多么伟大的母亲啊!

找一百位导师

杰克·韦尔奇在关于找导师的问题上给了我一个睿智的建议。一开始,他说的话把我吓了一跳:"寻找一个导师是世界上最愚蠢的主意。"注意到了我的吃惊,他继续笑着说:"要找就找一百个导师。"杰克的观点是不同的人会有不同的优点,假如你向一个人学习,那你就会变得狭隘。杰克说:"公司里经常用拙劣的手法来推广'找导师'这个观点。任何一名导师都已经在公司里待过一段时间,所以一定会树敌。有时候他甚至表现得像个浑蛋。你为什么想找这种人来指导你的生活?通过找不同的导师,你就可以吸收各类智者的思想。吸收他们的智慧后,你就可以在工作中更加如鱼得水了。"

卡夫食品首席执行官罗森菲尔德也有一个关于寻找导师的见解:无论你在哪里——在办公室里或在办公室外——都要去寻找他们。她说:"这种导师的关系经常会在一些有趣的地方形成。我的一个最好的师友关系就是在一个跟卡夫高级主管的厂区外会议上发展起来的。当时,我还是一个初级主管。在一位高级主管的指导下,包括我在内的一些同事进行了一项基本的团队合作训练。游戏规则是我们都要被蒙上眼睛,然后在规定时间内解开一条绳子上的许多结。不知为什么,他觉得我在这次练习中表现出了惊人的领导力和创造力。活动结束后,他一直都在工作上特别照顾我。直到今天,他依然是我最好的朋友和最信赖的导师。"

我喜欢从各种各样的人身上吸取经验。那应该怎么应用它呢?首先,我会制作一张欠缺能力图表,上面标明了我希望熟悉的领域,以及参考、训练一些其他知识。然后认识了新的朋友之后,就可以去填这个图表。你的导师图表就像你的生命,是一种逐渐积累的过程。完成一张图表可能需要数年的时间,但贵在坚持。我只有两个字的建议:顽强。我们不但要在图表上写下信息,还要真正地向别人不耻下问。第一次时,你可能会觉得紧张不安。但你会很快就发现大多数人其实都很乐于助人。

做一块海绵

任何一个活着的人都有学习的能力,任何一个人都能从别人的智慧和经验中受益。成功的人就像一块海绵,会不停地吸收新的信息。通常来说,人人都会这样。但正如我在2009年瑞士达沃斯经济论坛上却目睹了积极学习的反面。在一场关于新技术利用的会议上,俄罗斯总理弗拉基米尔·普京和迈克尔·戴尔共同参加了讨论。会议进行的时候,戴尔对普京说:"普京先生,我们很乐意为俄罗斯多做点事。我们有什么能帮助到您的吗?"普京回答说:"我们不需要你的帮助,我

MARIA BARTIROMO

们又不是残废。俄罗斯的科技力量十分雄厚。"普京的回答让戴尔顿时语塞。他事后跟我说，他感觉普京把他的头拧了下来。普京说出这样的话真的令人很困惑。俄罗斯难道不需要更先进的技术资源吗？当然需要！真正的强人是不会害怕向他人求助的。事实上，我在生意上遇到的大部分成功者都像一块海绵在尽自己的所能去吸收一切信息。

2009年，我受邀去参加由阿斯本研究院主持的"阿斯本思想节"。我顺便还在那里主持了一期《收市钟声》。阿斯本研究院致力于解决当前的热点问题。跟众多才思敏捷的思想家们在一起讨论让我获益良多。出席的名人有：三位前国务卿如康多莉扎·赖斯、马德琳·奥尔布莱特和詹姆斯·贝克，最高法院法官奥康纳，以及很多来自商界、科学和艺术界的杰出人物。我还采访了阿斯本研究院首席执行官沃尔特·艾萨克森。57岁的沃尔特还担任着美国有线新闻网的董事长兼首席执行官和《时代》杂志的主编。他还在2007年出版了《爱因斯坦：生活与宇宙》一书。沃尔特兴趣广泛，思想活跃。他相信我们的伟大未来依靠在一种新的文明模式之上——不同观点和经历的人们聚集在一起共同解决影响人类社会的关键性问题。当我看到沃尔特和其他与会嘉宾身体力行地实践这种文明模式时，我备受鼓舞。它跟别的会议很不一样。会议的内容生动有趣，与会者之间完全没有一点敌对性。与会成员还探讨了很多关于资本主义未来的热门议题。我们的讨论和辩论都是本着学习、启蒙和解决问题的精神进行的，完全不是媒体上的那种为了争论而争论的会议。在"阿斯本思想节"上有这样一个共识：每个人的想法都是有价值的；通过分享、折中和改变，我们的潜能将会进一步得到挖掘。

参加完这次思想的盛宴后，我想如果每个人都能参加到一个如此创新的会议里面该有多好！我鼓励大家积极地在身边寻找思想碰撞的机会。不管是讲座、研讨会还是聚会，只要是能与自己想法不同和经历不同的人一起交流，我们就能进步。我们要勇于寻找新的观点，不要被新的挑战所吓倒。

拥抱世界

吉姆·罗杰斯是一个世界公民的榜样。身兼投资者、作者、教授和罗杰斯国际商品指数的创造者的多重身份，他取得了一番让常人跌破眼镜的成绩。2009年吉姆出版了《投资大师罗杰斯给宝贝女儿的12封信》一书。书中奠定全书基调的第一封信里就写道："假如你想明白世界是怎么运转的,你就必须仔细地观察它。"虽然这句话听起来很简单,但他却每天都在这么做。吉姆目前住在新加坡。尽管不少海外的美国人只跟其他的美国人交往,但吉姆却把自己融入到当地的文化中。他在纽约居住的时候,他和他的妻子佩琪就聘请了一个中国保姆教女儿学习中文。他们给房子里的所有东西都贴上中文的名字标签——冰箱、桌子、灯、床等等。今天,他10岁的女儿已经可以熟练地讲英语和汉语两种语言。

吉姆的过人之处在于他完全能跳开狭隘的思想局限,拓宽自己的视野。他最近告诉我:"年轻的中国人就跟你一样。他们努力地工作,因为他们相信没有什么能阻挡他们的成功。"实际上,吉姆自己完全相信:尽管成功的途径不一,但是所有人都有渴望成功的动力。

2009年3月我对在伦敦举行的G20峰会进行了现场报道。这场举世瞩目的高峰会谈吸引了全世界的目光。各国元首齐集一堂讨论合作事宜,并发表官方讲话。但这次的G20峰会对我来说似乎与以往的有所不同。会场中出现了争论,而且有些分歧还很严重。最后,为期一周的会议没有解决任何实质性的问题。人们对于这次会议的最大感慨就是世界正变得越来越小。尽管大的问题没有被解决,但是我们还是很欣慰地看到了许多发达国家的领导人齐聚一堂,为全球的经济问题出谋划策——美国的领导人与中国、俄罗斯和其他国家的领导人进行了面对面的交流。我们不得不感叹世界局势的瞬息万变——冷战时期,这样的交流是完全不可能发生的。

我们一定要明白,国家元首也是普通人,所以元首之间的私交对于两国关系有着重要的影响。只要有充分的交流,国与国之间就能弥合彼此的分歧。当一国愿意与另外一国团结合作,并且真诚地采取切实的外交政策,两国的关系就会稳步提高。

计划你的下十份工作

我的一个朋友向我抱怨现在不景气的经济:"我现在还惦记着人人都想要一个铁饭碗的那个年代。"她愤恨自己不能在目前的公司待到退休。

她的观点让我感到很惊讶，因为已经跟近 10 年来占据主流的职业观完全脱节。一辈子只做一份工作的观点已经是很久远的事情了。现在很少有人愿意三四十年里都待在同一个地方工作。在做职业规划时，我们都不应该说："我想做一份什么样的工作呢？"我们应该说的是："我将要 10 份什么样的工作？"一生中，我们有很多从事不同职业的机会。那么，就让我们为自己未来的职业打算打算吧！

如果缺乏安全感，我们就很难在择业的十字路口当机立断地选择自己的路线。但是，及时地作出正确的选择往往是通往成功的不二法门。无论你的职位是什么，请都要务必花一点时间考虑一下怎样培养和丰富你的各种能力。检查你的知识体系，及时地查漏补缺。

刚刚入职时，我尝试了几份不同的工作。当我开始在美国有线新闻网工作的时候，它还是一个正在发展中的小公司。种类繁多的社会分工会让我们每个人都会有机会从事不同的工作。我的经验是，幕后工作的锻炼（我做过制作人、撰稿人和编辑），让我能够在面对镜头时展示出自己最好的一面，因为我深刻地掌握了电视制作的分工流程。

广泛的实践经验可以为我们带来更多的安全感和更多的机会。你可以从哪里获得自己没有过的经验？你能学到哪些可以在经济衰退时用得上的技能？假如你每年都学习一项新的技能，对你的能力会有怎样的提高？

当你在给自己列清单的时候，请纳入一切可能的项目。不要把自己的选择局限在与自己专业相关的狭小领域。刚刚开始在纽约证券交易所播报节目的时候，我就对证交所有一种似曾相识的感觉。我想了一会后，找到了原因。上大学的时候，我母亲帮我找到了一份在赌马场做兼职的工作。想起那份工作，我不由得哑然失笑。在某种意义上，赌马场就是我去证交所工作之前的训练场。两者有太多相同的地方——工作场所里到处都是男人，他们下着巨额的赌注。除了没有满房子的二手烟以外，纽约证券交易所与赌马场还真的没有什么区别。

我们的经济已经发生了变化，而且这种变化还将继续。在这个时候我们就要努力地学习新技能，看一下自己在未来 10 年里有什么可以挖掘的潜力。美国前劳工部长赵小兰告诉我，在未来数年内，美国将需要超过 100 万名护士。美国人口结构的转变造成了这个劳动缺口。我们的寿命越来越长了，需要的东西也越来越多。医疗行业将得到迅速的增长，它的繁荣也将带动新的就业潮。

2009年我以一个媒体人的身份访问了斯坦福大学。斯坦福长寿中心主任劳拉·卡斯坦森告诉我人类寿命的增长并不是一种危机。更确切地说，长寿其实是一个机会。卡斯坦森博士长期以来一直致力于改变人们"退休"的观念。他希望人们可以在工作上投入更多的时间。

能源行业一直以来都雇佣着大量的员工。随着众多发展中国家的崛起，商品和原材料变得供不应求。急速发生的城市化现象带来了许多新的问题：人们在拥挤的居住环境中如何才能舒适生活？城市化的趋势将会产生许多的工作岗位，而新的工作岗位将需要新的技能。

基础设施也是一个重要领域。各国的经济刺激计划都包括了大量的基础设施建设。随着全球经济的改善，桥梁、道路、隧道等基础设施都将得到持续的投资。随着经济的复苏，金融服务业的过热将得到遏制，制造业会迎来转型，但汽车业仍然面临巨大的压力。经济机构正在发生变化，要在新的环境中生存就要学会适应新的政策、新的就业要求和新的经济增长方式。全球最大的债券基金公司太平洋投资管理公司的联席首席执行官穆罕默德·埃尔埃利安将新的形势称为"新的正常情况"。检查一下自己的能力有哪些不足，想一想在"新的正常情况"下成功需要什么样的技能。记住达尔文的话：适者生存。

拓宽经验、丰富简历的方法有很多。2009年5月正值经济衰退的高峰期，一个名为纽约关怀协会的志愿者组织里发生了有趣的一幕。这个志愿者机构有着22年的历史，据执行董事加里·巴格透露，2009年加入该组织的志愿者人数翻了一倍。金融危机中下岗的人在找工作之余，也抽出时间参加志愿者活动。利他主义无疑是他们无偿付出的一个动机。但更让我感兴趣的是很多志愿者把志愿活动看做是一种学习新技能的渠道。他们认为在志愿者活动中锻炼出的技能能够对他们以后的生活有所帮助。一位下岗前曾是零售业者的志愿者参加了我星期天的节目《华尔街快讯》。他告诉我：通过在志愿者活动中担任小组组长和培训师的工作，他为自己的简历增加了重要的一笔。我很欣赏他们的做法：志愿者活动不但提高了他们自己的职业竞争力，而且同时他们还为社会作出了贡献。志愿者活动不但可以让参与者锻炼能力，而且还可以在简历上显现出一种让老板们趋之若鹜的集体精神。

按下重启键

马克·夏皮洛是一位策划大师。虽然他现在贵为六旗主题公园的首席执行官,但他事业生涯中的很长一段时间都在为美国有线体育电视网制作电视节目。电视网的同事们常常叫他"奇迹小子",因为他制作的节目往往是电视网的收视保证。2005年,另一位"奇迹小子"华盛顿红皮队的老板斯尼德邀请他担任重振六旗公园的重任。当时,六旗背负着巨大的债务负担。

是什么激发了他事业上180°大转弯呢?他告诉我,"尽管我热爱体育,但我已经在美国有线体育电视网工作了12年之久。这期间,我谈妥了很多合同:从美国广播公司引进《周一橄榄球之夜》、把《全美汽车比赛协会》重归美国有线体育电视网、与美国职棒大联盟续约7年等等。在定下了这些项目以后,我感到公司未来的增长会放缓,因此未来的工作将会以营运现有的业务为主。而六旗公园的情况则恰好相反,它当时急需补救。公司负担了巨额的债务,很多公园的设施都亟待维护。我不是一个安于现状的人,我就是要追求增长。"

马克的工作简直就是为他量身定做的。当时游乐场的资金匮乏,但他却没有因此气馁。他说:"我就不相信家家户户的美国人整个夏天都只待在后院里玩耍,他们总会来游乐场的。现在的情况只是他们把从前要做3到5项的活动,削减到了2到3项。游乐场业竞争激烈,要赚到顾客的钱并不容易。谁能创造价值就能成为赢家。"

六旗游乐园的成功之路并不是一帆风顺。最近,它申请了破产保护。虽然作出这个决定并不容易,但它却是六旗重整旗鼓的必由之路。尽管六旗之路并不平坦,但马克还是保持着他固有的淡定和乐观。

我喜欢这样一种故事:故事的主角自觉、勇感、善于主动作出改变,并且能够奋力地迎接挑战。乔·莫格利亚是我最喜欢的励志故事中的主人公。初见乔时,他担任着宏达理财公司的董事长,但这不是他的全部。乔的出身背景和他的多次成功转身都让他的故事格外富有传奇色彩。

乔出生在临近曼哈顿北端的华盛顿高地,是纽约州最贫困的地区之一。他的父亲是意大利后裔,经营着一间在街道拐角的杂货店,他的母亲是爱尔兰人。他们家的五个小孩、两个大人一起"蜗居"在一个只有两张床、一个浴室的公寓里。他们所在的社区让人看不到希望。乔最好的两个朋友都没活过青年期。他告诉我："一个死于吸毒过量。另一个在抢劫卖酒的商店时被警察击毙。"不过乔还是很幸运地得到了福德汉姆高中的奖学金资助。福德汉姆高中是一所位于福德汉姆大学布朗克斯校区的教会中学。学校的生活拯救了他。他很坦白地说，"如果我没有去上学，我很可能落得和我抢劫犯朋友一样的下场。"

乔在高中时就是学校的运动明星，他原本有望得到一份体育奖学金攻读大学。然而，他的女朋友却在这个时侯怀孕了。于是，他俩很快就结了婚。婚后，他通过开出租车和为父亲打工养家糊口并支付福德汉姆大学的学费。当时他的工作十分辛苦。他说："我真的很想念自己在体育场上的日子。"后来，通过与高中管理人员的沟通，他得到了一份助理橄榄球教练的工作。

乔发现他有很多热爱的东西。作为经济学专业的学生，他慢慢地爱上了做生意。他常常想象自己日后成为华尔街的投资银行家时的风光。同时他也酷爱橄榄球教练的工作。在发出了一百份工作申请后，他在特拉华州的一所私立小学找到了工作。在16年的时间里，他在5所不同的学校执教了5支不同的队伍，每次工作的变动都伴随着举家搬迁。他的最后一次任教是在达特茅斯学院。他执教的队伍赢得了两届常春藤联盟赛的冠军。回忆起这两次胜利，他说："常理上来说，我本来应该心花怒放，但我没有。我发现自己对体育的热情已经不再，于是我准备转行。"

他在34岁时的第二份职业是一名推销员。他重拾了自己的华尔街之梦并开始为之奋斗。一开始，他给自己三年的时间去实现这个梦想。假如在时间范围内完成不了，他就会重新回去执教。他很有胆识和魄力，在申请工作时，他会告诉主管招聘的人员："请你们给我一次机会，让我做一名培训生。说实话，这对你们来说，并不需要多大的风险。"他说服了招聘的人员，赢得了工作的机会。

乔成功进入了美林集团的培训生计划。他笑着回忆："一共有26名培训生。其中，25名是工商管理学硕士，只有一个是橄榄球教练。"3年后，他从培训计划成功毕业，成为了美林的销售冠军，一路从固定收入处处长、市区负责人，晋升到了私人客户部代表。加入美林17年后，他被任命为世界上最大的网上证券交易公司宏达理财的首席执行官。

今天乔已经找到了同时享受经商和运动的方法。2009 年他卸任了宏达理财的首席执行官一职,转而出任公司的董事长。同年,他在内布拉斯加大学的体育系担任了一个无偿职位:体育系的职业发展和校务管理顾问。对他来说,世界上最让他高兴的事就是把他在运动和商场中所学到的东西教授给下一代。

我们在生活中随时都可以按下重启键,尝试全新的人生经历。一旦你意识到这点,你就会变得更加自由。

我现在的工作是世界上最好的工作。即便如此,我还是有很多其他的计划。也许 10 年、20 年之内我还转不了行,但我相信我会去教授金融课程。教书是我的一个理想,时机合适的时候,我就会按下自己的"重启键"。或许我还会在其他的领域学习一些新的技能,例如创业经商。虽然生活中还是有很多的不确定,但我可以肯定一件事:我不会停止学习和适应。

H U M I L I T Y

谦逊

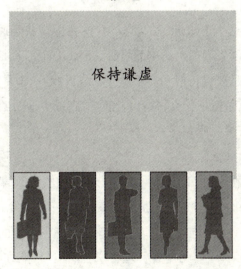

保持谦虚

在 为写这本书做准备的时候,我的目标是找到通往成功的正途,同时也为读者们指出途中的陷阱。正如人们所说,成功是短暂的。我们不仅要取得成功,而且要保持成功。不少人都告诉我:骄傲是导致他们失败的罪魁祸首。我们都知道骄傲是什么,并且自己也或多或少地骄傲过一把。但我们真的知道骄傲的危害有多大吗?

骄傲会使人自我催眠:让我们以为自己与众不同。骄傲不但会使人表现得很不友善而且会让自己低估对手和同事的能力。虽然骄傲的人会飘飘然地自我感觉良好,但他们最终一定会跌倒。骄傲是谦逊的反面。杰克·韦尔奇曾经说过:"如果你要继续前进,你必须同时拥有自信和谦逊。它们两者的融合称之为成熟。"

畅销书《优秀到卓越》的作者管理专家吉姆·科林斯在他的书中写道:"通过研究我们发现,最好的行政执行官都表现出非凡的谦虚。他们把自己的成功归功于运气、纪律和精心的准备,而不是个人才能。"

对于这个观点,我举双手赞成。谦逊是成功最重要的因素。我很庆幸自己遇到了不少的伟人:比尔·盖茨、沃伦·巴菲特、杰克·韦尔奇,他们的成功故事都有一个共同点——了解自身在这个世界上的位置,充分利用自己的家庭背景,认为成功的原因有很多,而运气就是一个很重要的因素。沃伦·巴菲特经常说,假如他没有出生在美国,那么他在投资上的所有才能和技巧都是无意义的。因为只有在美国他才有大展身手的天地。在他眼里,他成功的最大秘密是他幸运地降生在了这片充满机遇的土地上。

我也见过很多人因为缺少谦逊而挫败的例子。我在前一章中所提到的伯纳德·麦道夫就是一个骄兵必败的典型。他自大到了以为自己可以凌驾于法律和道德之上。正直和谦逊密不可分。

在我自己的人生里,我一直是谦逊的。我深知自己的成功是建立在我那些勇敢的祖先的肩膀上的,因为他们为了能在美国安居而牺牲了一切。我经常想起我的祖父 1919 年横渡大洋来到美国时的艰辛。为了创造一个新的家园,他放弃了故乡的一切。我从来都没有想过为自己的成功歌功颂德,我的成功来源于先人的遗产和我自己的努力工作以及 CNBC 工作团队的倾情合作。

放松,你只是个普通人

谦逊可能是一些人很难领会的品质。我们生活在一个谦虚特别不被重视的文化里。我们鼓励人们去强烈地表现自己,包装自己,推销自己,把自己的能力擦得锃亮。然而,我们却从不鼓励他们去承认自己犯下的错误。我们经常把谦逊跟缺乏自信混淆在一起,把谦逊视为是无能的表现。但谦逊在生意和文化上却是最有力的武器之一。

没有人喜欢失败,但每个人在某种情况下都会失败,这是无法改变的事实。早年初登银幕的时候我也曾因这个想法而挣扎过。媒体业竞争激烈,而身处幕前的我更是倍感压力。我承担不起任何错误,头发乱了,长胖了或者对经济作出了误判都不行。在电视上,我的生活就像活在显微镜下一样。你要接受观众最残酷的检验,你就得改进。这就是我出入电视圈的体会。

年轻的时候,我对自己没有多少信心,所以一旦想到自己在某些方面可能有所欠缺,我的心里就怵得慌。我经常要发表公众讲话,但我并不是一个天生的演说家。摄像机对着我时,我并不担心电视机前会有几百万观众看着我,但身临其境地站到台上面对真实的观众时,那感觉就完全不一样了。很长的一段时间里,我都很害怕进行公开演讲。但幸运的是,在那个时候,我的老板勉励了我。她直截

了当地对我说："玛丽亚,由于你现在的身份,你演讲的听众期待你拿起麦克风后能够传达出他们想要的信息。但是当你站在那里,看起来像一只受到汽车前灯照射的小鹿一样的惊恐,你就让观众们失望了。你现在必须调整过来。"

这话听起来很刺耳,但我不能否认它的中肯。因此,我马上向她请教。那真是一段启蒙的经历。她的第一个问题是:"告诉我你打算说什么——我问的不是你讲稿上的书面语,而是你想跟观众发生什么样的对话。"她的话完全改变了我对公开演说的看法。现在我不再写演讲稿了,我只会略记下几点然后发自内心的地讲出自己的观点。我不再紧张或害怕了,因为我的演讲是发自内心的,而不是照本宣科。

在这里我要表达的是:成功来自于你真实地表现自己——你要放松地表现出自己谦恭。尽管你可能会出错或说错几句话,但人们会谅解:因为他们想看到一个真实的人,而不是一具雕像。

养成敏锐的洞察力

在政府宣布花纳税人的钱帮助美国国际集团、花旗集团、房地美、房利美等其他金融业巨头走出困境前,很少人注意到这些公司的高管收入过高的问题。人们都觉得职位高、头脑好的人就应该拿高工资,所以很少有人去关注这些人的薪水和分红。只要这些公司在为投资者赚钱,谁在意他们拿多少工资呢? 但政府一宣布救市,人们就忽然醒过来了。高管得到丰厚的分红和无节制的额外津贴是理所当然的吗? 也许不是吧? 数百万人的存款和养老金无端蒸发,他们原本感到非常愤怒。当他们看到造成他们损失的人不但逍遥法外, 而且还拿着大额的津贴时,他们的感受就像被人在脸上扇了一巴掌一样。

约翰·塞恩对于公众的愤怒完全置若罔闻。这些年来我采访了他很多次,他是商场上最有才能的人之一。作为美林证券公司的董事长和首席执行官,他在关键时刻展现出了自己的勇气和远见, 通过把公司卖给美洲银行拯救了公司破产的命运。而约翰则继续留任负责处理过渡公司的相关事宜。我相信以他的能力一定会为公司在摆脱危机中起到积极的作用。但在合并后的 20 天,约翰忽然被解雇了。这则消息震惊了业界。但在他解雇前发生了三件事,这三件事可能在宏大

的计划中只是些很小的错误,但在一个对于管理者的贪得无厌零容忍的国家里,这三件事铺就了约翰的毁灭之路。第一件事,他决定在合并前夕为美林证券的高官们发放了 40 亿美元的红利,而当时美林已经损失了 270 亿美元而政府正在用不良资产救助基金注资美林。第二件事,他要求董事会给予他个人 1 000 万美金的奖金作为他在 2008 年把美林卖给美洲银行的奖励——约翰随后否认这一条,所以这件事最终也没有得到证实。第三件事,新揭发的:约翰花了 120 万美元装修他的新办公室,为办公室配置了 13 100 美元的高级地毯,68 000 美元的古董柜,35 000 美元的马桶和 1 400 美元的废纸篓。

约翰离职的几天后,我就在达沃斯采访了他。他看起来有些失魂落魄、余惊未了。一方面,我同情他——他曾经拥有的辉煌伟业已然坍塌,这着实是一次几乎不可想象的打击。但另一方面,全国人民都想在高管分红的这件事情上讨一个公道。于是,我问了一个人人都想知道答案的问题:"约翰,我们都知道美林的高层领导光分红就分了 40 亿美元。你怎么解释美林在三个月内亏损 150 亿美元、伸手向政府要救命钱的同时还在向高管们支付天文数字的红利?你这样做的依据是什么?"

他为自己辩护说:"如果不在最优秀的人才身上投资,公司就会散架。"我并不同意他的观点,因为在我看来,公司必须根据当前经济的现实状况调整自己的政策。约翰·塞恩并不是唯一一个漠视公众对于华尔街高管分红的怨气的人,他代表了一大帮不顾民间疾苦的"大老爷"们。

我还质问过他为什么要把办公室装修得如此奢华。在公司即将要倒闭的时候,他竟然花费了 1 400 美元在一只废纸篓身上。这个昂贵的废纸篓成为了人们关注的焦点。我想知道他怎么可能不知道这样的举动会造成公关上的被动。我说:"当时美国的失业率激增,人均收入锐减,本来就不是一个大手大脚花钱的好时间。而且,公司当时已经出现了巨额的亏损。你决定花这些钱的时候就没有问一问自己:'也许这并不是个好点子,我是不是应该迟点再花这些钱呢?'"

听了我的问题后,他立刻面露难色。他说:"我只能事后诸葛亮地说,这的确是个错误。我为自己不当的决策道歉,而我愿意把装修的钱悉数还给公司。"

不幸的是,约翰·塞恩太晚才意识到自己的行为所带来的恶果。我相信他会从这件事上吸取教训,避免以后再犯同样的错误。对于所有希望达到事业顶峰的

人来说,这是一个重要的教训:**在商界,低调做人就是成功的上马石。地位越高的人越是要低调。**

自嘲

我经常问自己:"金钱宝贝"这个绰号是不是在骂我？这个押韵的绰号是《纽约邮报》的一个记者给我起的,他在报纸上一写,这个名字就这么叫开了。好的,这个绰号可能令我有点惊讶,但我从来不觉得被冒犯。我没那么较真,我的观众了解我的性格。生活中,除了父母和丈夫没人真的叫我"宝贝"。

也许"金钱宝贝"这个称呼有点性别歧视,但它同样也透着几分诙谐的意思。我觉得这个名字非但没侮辱我,反而让我变得更加亲切。

网上有愚蠢的人对我作出不公的评价,但我却能一笑置之。其中最搞笑的是"玛丽亚头发指数"。有一位聪明的网友根据我头发的蓬松程度来判断股市走势。当我的一个朋友让我看了这个网站时,我笑得一塌糊涂。我把网友的"神来之笔"与我的家人朋友分享,他们都觉得很滑稽。有时候在股市刚开盘时,他们就会问我:"你今天的发型如何？"

当有些人拿你开玩笑或把你编派得一文不值时,你有两个选择:生气或者跟着笑。当你对自己的能力有信心时,你就会洒脱地自嘲,这是成功人士具备的有趣的特征。事实上,我每年参加白宫新闻晚宴的时候,我都会想起,幽默的自嘲其实是美国文化的一部分。自从 1920 年,白宫里的总统、高官和记者们就会在公开场合互相取笑。大家最期待的莫过于总统的笑话了。讲笑话时,总统变成了"总喜剧演员",负责给全国人民抖包袱、逗乐子。2009 年新任总统奥巴马恶搞了他所谓的"上帝综合征",笑翻了在座的所有人。奥巴马说:"我相信我未来的 100 天也会很成功。我用 72 天的时间就可以过完 100 天的时间了。在第 73 天的时候,我就会休息。"他还拿副总统乔·拜登、国务卿希拉里·克林顿和不少国会共和党议员开过涮。2008 年,尽管支持率下降,小布什总统还是大度地展现了他的幽默。他跟一个模仿他的演员共同出现在了发言席上,然后只听演员说:"为什么我不能只和支持我的 36% 的人一起吃饭呢？"

在美国,讽刺位高权重的总统和官员们总是可以让我们感到很轻松。一些批评家说我们应该撤销白宫记者晚宴的活动，因为宴会上讽刺政府的幽默会使政府的形象受损。我不同意这种观点。每一位成功的总统往往都是自嘲和幽默的高手：不管是肯尼迪、里根，还是布什，无一例外。我们希望我们的领导人都知道他们自己也是普通人而已。

不要做太多的白日梦

很多人会相信自己的白日梦，把自己想得很完美。他们会骄傲自满地想："是的，我就是那么优秀。我就是造物主对大自然的恩赐！"然而，这些盲目自大的人往往被残酷的现实撞得鼻青脸肿。相反，那些谦虚谨慎的人即便是在危机之中也能找到出路。

每一个成功的人都被骄傲自大危害过。骄傲是缺少谦逊的自信。我跟马丁·索雷尔爵士讨论过这个问题。作为 WPP 广告集团的创始人和首席执行官，他无疑是一个传奇——更不用提及他在 2000 年被伊丽莎白女王封为爵士这件事。他戒骄戒躁，低调做人。在他看来骄傲是成功的大忌。他说："当领导们被一群对任何事都点头称是的下属围绕着时，这种文化就导致了骄傲的滋生。没有人帮助身处高位的领导人脚踏实地，但脚踏实地却又很重要。我知道这事情说起来很容易，但做起来难，我们都有被胜利冲昏头脑的时候。但是也有很多成功的商人能保持清醒。我想沃伦·巴菲特就是其中的一个。我很佩服他的脚踏实地。金融危机的一个贡献就是它惊醒了那些脱离实际的人，它狠狠地踢你了一脚，把你痛回了现实当中。"

现在看来，奥巴马总统其实就很像是一位"骄傲的将军"。任职初期，他就一副得意扬扬的面孔。2009 年秋，他不顾支持率的下跌，采取了一系列大胆的举动——例如他去哥本哈根支持芝加哥争夺 2016 年奥林匹克运动会主办城市的资格。当业内人士都说他不应该提名新任的联邦大法官的时候，他却依然固执己见。在医疗改革上，他不顾来自党内外的所有反对强推自己的方案。奥巴马的一个顾问告诉我："在经济决策上，总统从来都听不进去我和其他人的意见。他什么都懂。"受邀到白宫参加医疗改革讨论的另外一些人也作出了相似的评论："他把我们聚集在一起，说是想听听我们对医改的意见。但等我们都去了以后，他就

MARIA BARTIROMO

读了一下自己的演讲稿,然后就走了。"

我认识的所有人当中,真正出类拔萃的都是脚踏实地的实干家。例如沃伦·巴菲特被誉为世界上最成功的投资者。他的确极为成功。但同时,就个人角度来说,沃伦·巴菲特真的就像是"邻家的亿万富翁"。他一点不在意额外分红,也从不炫富,对聚积财富一点都不感兴趣。他现在仍然居住在 1958 年在奥马哈买的老房子里,开的是普通车,穿着、谈吐都和普通人没什么两样。他就是这么的真实。商场上关于谦逊的故事还有很多。

低调做事是成功的关键因素。当我采访美国钢铁公司首席执行官约翰·瑟玛时,我本期待他对悬在一线的钢铁工业的严峻形势给出一番深刻见解。但相反,我发现他对个人成功的看法更令我鼓舞。他在成功后的为人处世值得所有的人学习。无论怎么衡量,约翰都已经功成名就了。他为人谦虚,做事既理智又可靠。他把他的个人哲学融入到了公司经营当中。事实上,他会告诫其他主管他母亲经常告诫他的话:不要自大。

他对我说:"顺便告诉你,我从来没有想过自己会取得今天的成功。我只是尽最大的努力做好日常生活中的小事。无论我的任务有多艰巨,我都会坚持不懈地完成它。如果说我有什么优点的话,那可能就是我会尽量保持生活的平衡。我总是努力保持清醒的头脑。当事情进展顺利的时候我不会太兴奋;而当事情进展不顺利的时候我也不会太失望。"

回顾两位移民祖父母在美国的生活后, 他对自己的成功有了新的看法:"我换过好多份工作。即便 8 份工作之前,我的事业就停止了,我也不会失落。我今天的成就已经远远地超过了自己当初的预期。我的祖父母是从中欧来的移民,比起他们, 我已经走得很远了。生活中我每天都有着一种知足常乐的感觉, 我很感恩。"

我被约翰的谦逊所迷住了。他讲述了一个几年前去匹兹堡郊区探望母亲的故事。他回忆说:"我当时从纽约飞到匹兹堡去看望母亲。我大约在下午 4 点 30 时见到母亲,她正在和朋友们打牌。她看了一下她的表,然后问我:'你现在不是应该在上班吗?'虽然我是个首席执行官,但她就是这么说的。我说:'啊,没关系的,妈妈。以我现在的身份,可以随时来看望您老人家。'在我回去的路上,我想:她其实非常明白。她后来对我说:'你不要太自以为是,你现在应该去上班才对,不要在我这里闲逛。'"

我喜欢实在人。波音公司的首席执行官吉姆·麦克纳尼让我印象深刻。他思想睿智,工作出色。一次,我在美国癌症学会的晚宴上跟他同桌吃饭。吉姆的个人魅力让我深深地为之着迷,我相信他的优秀品质也是他成功的秘密。吉姆和自己的家人坐在一桌,有他的一个兄弟、两个姐妹,还有他姐夫。看到他们之间的亲情互动,我感觉仿佛置身于一个温馨的家庭聚会一般。吉姆是如此的谦逊和幽默。我当时就想,不管以后他的生活和事业会如何发展,在我的眼里他永远都是一个好人。

我的朋友史提夫·凡·冉特是一名超级巨星。他是一名出色的演员,并在布鲁斯·斯普林斯汀的 E 街乐队成立之初就跟他们在一起工作。他在《黑道家族》中主演的加布里埃拉·但丁一角创造了他演艺生涯的新高峰。然而他在一炮而红之后,却从来没有改变过自己的为人。他不认为自己是一个明星。假如你问他是谁,他会告诉你他只是"来自新泽西的小史蒂文"。他很真实。

这个世界上成功的人、成功的事实在数不胜数。但是真正能让我们记住的却是那些成功之后并不忘本的人们。

避免"独一无二"综合征

没有人是不可替代的,但很多公司的领导们却遭受"独一无二"综合征的困扰:他们认为如果他们辞职,一切都会崩溃。在创业伊始和公司成为大型企业时,这样的现象最为普遍。苹果公司的斯蒂夫·乔布斯就是一位典型的"患者"。当斯蒂夫·乔布斯得病的消息公诸于众后,整个公司陷入了一场巨大的危机中。人们开始担心:"如果斯蒂夫·乔布斯不在位,谁还能经营好苹果公司?"我发现恐慌被过分夸大了。尽管斯蒂夫·乔布斯像很多管理者一样是具有伟大的创新精神,但事实上,任何一个领导都只是临时的管理者。

2007 年,我访问了 84 岁高龄的维亚康姆和哥伦比亚广播公司董事长萨默尔·雷德斯通。我问他:"你的继任计划是什么?"他很惊讶地回答说:"继任计划是给死人的。"他接着说:"最近,我在一次会议上遇到约翰·马隆(自由媒体公司的董事长)。他对我说:'我们当中的有些人将会逝世,但萨默尔你永远都不会逝世,

所以你不必有继任计划。'那就是我的答案。"

我认为他在跟我开玩笑,但他没有。当我继续追问他的遗嘱是什么,他有点暴躁地重复:"我不会有遗嘱,因为遗嘱是给死人的。我已经告诉你,我没有离开的打算!"

看来萨默尔·雷德斯通真的要打算长生不老了。后来他寄给了我一瓶浆果汁,还说喝了就能够返老还童。但现实是,首席执行官绝对权威的时代已经结束了。我们已经看到了不少大公司因为继任计划执行不力而蒙受了巨大损失的例子。

花旗集团的桑迪·威尔也有继任的问题。他不愿意让他年轻的手下杰米·戴蒙去继任他首席执行官的职位。事实上,他把杰米·戴蒙踢出了公司,但后来他自己却又面临了进退两难的窘境:他没有了合适的接班人。后来,桑迪·威尔因为卷入一场华尔街利益纠纷的调查而被踢出了公司。当时,他被迫在很短的时间内找到接班人选。于是,他选择了自己多年的律师查克·普林斯。查克从来没有掌管过大型公司的运营——而花旗公司的业务遍布 200 多个国家,员工人数达数十万。接手桑迪·威尔的班后,他并不能够胜任。他不受公司下属的喜欢,也不爱听他顾问的意见。花旗集团的财产在他的领导下急剧缩水。

汉克·格林伯格也同样没有为美国国际集团找到一位真正的接班人。他在2005 年被迫辞职,当时没人能接手他的工作。直到在 2008 年得到政府紧急融资的资助时,美国国际集团的新领导人还在痛苦地挣扎着。一位评论家曾说:"汉克是个天才,但问题是他是一个独行侠,而且他把所有的战略都放在自己的脑袋里。所以当他离开后,别人就不知道应该怎么做了。"

找到合适的接班人是任何组织的首席执行官和董事会都要做好的一项关键工作。找不到合适的接班人是自大和缺乏领导力的表现。美国钢铁公司首席执行官约翰·瑟玛对此有一个有趣的说法:"假如你是在管理岗位做得很好,你一定不能让整个公司都围绕着你一个人转。教给我这一课的人是汉华银行的首席执行官约翰·麦吉利卡迪。2009 年年初,他安然离世。我参加了他的追悼会。约翰是个伟大的家伙,他在我们的董事会担任了 20 年的董事。长期以来,尽管我的职位有升有降,但他对我却一直都很友好。我曾经听他说,所有的管理者都必须明白他们不能永远地在管理的位置上做下去。他们必须把自己的事情做好,然后把公司交给合格的继任者。做不到这一点的管理者往往会遇到麻烦。对于包括我在内的所有管理者来说,作一切的决定都应该从公司的利益出发。我是美国钢铁公司的第 13 任首席执行官,我一直都在向我的前任们学习——摩根、弗里克、卡内基、贾奇·加里。他们经历过许多我所遇到的困难,所以我可以从他们身上学到很多教训。在现在运营公司和从前没有什么不同。我的工作就是解决好公司亟待解决的问题,把公司发展得更好,然后在适当的时候完成公司的权力交接。要做好我的工作,就要完全从公司的利益出发。”

谦虚的生活

不管是老盖茨、盖茨,还是梅琳达,比尔家人身上总是带着谦逊的美德。尽管他们拥有享不尽的荣华富贵,但他们的为人却非常的谦虚。采访老盖茨的时候,我在谦逊问题上得到了他更深刻的见解。我问他是否在比尔还是个小孩子的时候就知道他是个天才。他笑着对我说:“当然不是。”接着,他跟我分别说他的三个孩子各自的性格。作为父母,他和妻子玛丽鼓励孩子们培养自己独特的性格。实际上,老比尔说他们家没有“明星”。几个孩子里,谁都不能觉得自己高人一等。

可能正是因为他们的谦卑,盖茨才能过上与其他富豪不同的相当正常的生活。老盖茨承认:“盖茨夫妇很富有,这个事实不可避免地会对他们的生活产生影响,所以他们不管做什么事情都比以前更加谨慎。他们担心自己的孩子会受到财富带来的不良影响,所以他们在生活中努力地做到勤俭节约。他们做得很对。我很欣慰他们在条件这么好的情况下还能做到谨小慎微,戒奢宁俭。他们教孩子生活中要克俭克勤,但是也要慷慨做人,尽力帮助世界上需要帮助的人们。”

勤俭节约、乐于助人的道理从老盖茨那里一路传承到了比尔·盖茨的儿女身上。这家人的谦卑是我们所有人学习的榜样。对于虚心谦让,他们并没有只挂在嘴上,而是在生活中切实地做到了温、良、恭、俭、让。

心存感激

有些时候,我常常要掐一下自己,看看自己是不是生活在梦境里。我已经在

纽约证券交易所作了 15 年的报道。一路走来，我非常感激能够有幸在世界上最重要的经济机构里工作。在这里我看到了自身的渺小，所以更加珍惜这个宝贵的工作机会。

每当我对自己产生怀疑或者对未来感到不安时，我都会问问自己："我最感激的十件事是什么？"我不只是随便想想便罢，而是把它们写在我的黑莓手机的电子笔记里：我感谢我的丈夫，他爱我并每天都让我很开心；我感谢我的父母和兄弟姐妹，他们是我的依靠；我感谢我身边的人、我的助手和我们的制作人，他们帮助我管理我的生活。他们理解我，让我看起来更好看；我感谢我的工作；我感谢我的健康……我仍然不时地补充着这个列表。我的黑莓手机里写满了自己感激的人和事！通过这样做，我可以反思自己的人生。珍惜机会，感恩机会，就是成功的关键。

无论你的工作有多重要，你都必须保持着敬畏和感恩的心态。在奥巴马的就职舞会上，我看到巴拉克·奥巴马和米歇尔·奥巴马之间的一个动人瞬间。当碧昂丝在演唱《最后》的时候，新总统和第一夫人正在跳舞。巴拉克靠近了米歇尔，从他的嘴唇可以看出他在说："怎么样？"她也回答："怎么样？"与那个伟大的瞬间相比，他们也只是如你我一般的普通人，也会在庄严肃穆的仪式中感到自身的渺小和普通。

E N D U R A N C E

坚持

培养自己的耐力

2009 年春季里的一天，当我正在准备一个关于谷歌的专题节目时，我碰巧遇见了保罗·邦德。他是位于亚利桑那州诺加利斯市保罗邦德鞋业公司的创始人和现任老板。相处之后，我发现，他是一位很了不起的创业者。

当时，我正在寻找通过在谷歌的广告平台上投放广告而获利的中小企业。而我想找一个有地方特色的公司，于是我的制作人找到了保罗鞋业公司。这家公司在谷歌打了一年的广告后营业额有了明显的增长。

一开始我不愿意去诺加利斯进行采访，因为我正忙于研究如疲软的经济和银行业压力测试等"热点问题"，并不想让这个访问影响到眼中的"大局"。但遇到93 岁的保罗后，我就彻底地改变了我的态度。我很高兴能遇到这位坚强的老人，他非常热爱自己的生活：每天都坚持踏着轻快的脚步去上班。这是多丰富的生活，多好的一个故事啊！我决心要弄清楚他为什么能活得这么年轻。

于是我就去了诺加利斯。到达后，我参观了一个空间宽敞、设计精良的工厂——这就是鞋厂的总部。保罗脚蹬牛仔靴、头戴牛仔帽。他不时地到处溜达，身边还陪同着一个同样灵活但年龄比他小一半的人。他的打扮让我耳目一新，随后他的谈吐更让我钦佩不已。

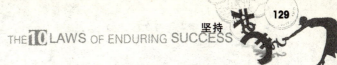

保罗是一个真正的牛仔。他的人生经历就是美国西部生活的真实写照。他告诉我："我在横跨新墨西哥州边界的大牧场上长大。我骑着马上学。高中的时候我就开始在马鞍店和靴店工作了，做的就是压制马刺皮带和做靴后跟。"他笑着回忆他早期的生活，特别是他在 20 世纪 30 年代作为牛仔竞技赛手的日子："我过去常去驾驭骑兵的马，我爱在马反抗的时候炫耀我的绝学。我的骑术非常娴熟，我甚至发明了一种新的骑术，后来我还骑了几年的野马和公牛。尽管我很喜欢骑马，但我还是一直保持着对做靴子的兴趣。牛仔竞技的骑师们都很喜欢手工做的靴子，因为那时大部分的靴子都是工厂制造的。因此当我从事做牛仔竞技赛手的时候，我同时也做了不少靴子。"保罗给当时很多有名的骑手都做过靴子，包括罗伊·罗杰斯等骑手，以及这个地区的牧场主。

二战后，他对这门生意更加认真了。他回忆说："战后好像每个人都变得有钱了，而且他们想要靴子。"因此他在诺加利斯的镇子上开了家商店，并从那时候一直做到今天。

我问他："你是怎样坚持下来的？你为什么能一直这么年轻呢？"他又一次笑了："我当然不再年轻了，但我很投入。我喜欢做靴子，并爱从顾客角度考虑。那些新潮、成功的顾客总是喜欢与众不同的靴子。而穿我们靴子的牛仔看重的却是靴子是否耐穿。因此，我很高兴尽我们所能去为他们制造出最耐穿的牛仔靴。这其中有太多的乐趣了。"同时，经营这家公司也是他们一家人的事。他的妻子玛格丽特和他的儿子乔治都全部参与到了公司的管理中。他说："对我来说太完美了，家里每个人都各司其职。我的妻子玛格丽特是一名出色的设计师。乔治负责公司的日常运营和新产品的宣传推广。如果没有乔治，我肯定会在今天这个通讯异常发达的世界中完全迷失。"

我问了他一个我很关心的问题："您长寿的秘诀是什么？"他眼睛闪闪发光地回答："是生意上的兴趣。你知道吗，我早上一起床就迫不及待地想上班，去完成前一天没有完成的事。或者我有了个新想法，就会想做出来看一看。我想我长寿的秘诀就是拥有这种想创造新东西的欲望。"

他补充说："这一切都跟责任感有关。而我不但有责任感而且还有足够的持久力。我做事情不做便罢，要做就要做好。我知道很多人虽然很成功但并不爱他们所做的事。他们并不快乐。你必须爱你所做的事情，全身心地投入进去做。我

很投入。我喜欢很多东西,例如打高尔夫球,但我最爱的还是做靴子,每天起床我想的第一件事就是上班。"

他的话提醒了我:其实,一些我们习以为常的事情往往才是我们生命中最重要的组成部分,例如,爱你所做的事情、努力工作、开心生活、做一个好人,以及参加锻炼。保罗的生活已经很完整,但他还是依然孜孜不倦地追求自己喜欢的东西。结束对他的访问后,我不由得在想:"**这就是我想要的生活方式:活得很久很久,但是即便是到了弥留之际,心态还是年轻的。**"

自我调节

我经常疑惑——我们是不是只有被工作耗得筋疲力尽才能取得成功?人们环顾四周后会发现,成功的人似乎很少会有多余的时间:他们总在忙碌些什么。那些尝试在事业上取得进展的年轻人发现早出晚归的鸟儿才有虫吃,所以他们也努力地效仿。

我跟杰克·韦尔奇讨论过这个问题,因为他是有名的工作狂,他多次强调剩余的时间这种想法根本不切实际。他说:"剩余是个不好的词。但不要误解我的观点,这不是关于剩余时间的问题,而是要分清事情的轻重缓急。例如,在我的职业生涯中是不会有 8 月份的假期的。尽管我不会要 30 天的假期去打高尔夫球,但每一个冬天我都会带我的小孩去滑雪。有时候,我的工作是我的当务之急;又有时候,陪家人才是我的第一要务。当我工作的时候,我会全身心地投入进去。当我跟孩子们去滑雪的时候,我绝对不会想起工作。"

我很赞同这样的一个观点,无论在工作还是娱乐上,做事情就要一心一意。然而,这样做也容易走极端。我自己就很容易走极端,尽管我一直都努力地避免,但还是难免有时候做事情会过头。最近,我对自己感到一点不满,因为我的生活总是忙来忙去。我意识到自己失去了悠闲的日子,开始刚刚参加工作的日子。那时下班后,我还可以给朋友打个电话:"我们一起出去吃墨西哥玉米饼吧。"那个快乐逍遥的玛丽亚到哪去了?

一天晚上,我拖着疲倦的身躯下班回到家。一进门,我就把公文包扔在地板上,一头栽在沙发上。我对一脸担心的丈夫宣布:"就这样了!我再也不要这么累了。"接着我睡了个好觉，但第二天我又一头扎进工作堆里。我不知道怎样才能"不"辛勤工作。

但我已经开始意识到：太过繁重的工作最终只会拖垮自己。从前，我习惯了接受超额预约，就像航空公司会出售超额的座位数量一样。我告诉我的助手，"我的人生已经翻开了新的一页，不要再帮我加倍预约了"。

她笑着说："好的，那你是否也同意取消 3 倍预约呢？"

事实上，如果你把自己逼得太紧，一些事情就会受到影响，可能是你的健康，可能是你的亲属关系，也可能是你的专业水平。这是我在 2008 年 9 月参加完了《查理·罗斯秀》关于金融业萧条的讨论后所学到的一课。那天，我排满了预约，也就在这一天快要结束的时候我作了这个访问。我完全没有花时间去准备，但结果证明我表现得实在太糟糕了。如果我可以贿赂查理去销毁那盒录像带，我一定会这么做的。

第二天，我对自己的表现感到极度的苦恼，我告诉乔纳森："我对自己很失望。我真的在《查理·罗斯秀》上搞砸了。我看起来很愚蠢。虽然我知道的信息比别人都多，但我完全不能把它们准确地表达出来。"

乔纳森还是像从前一样用镇静而且理智的声音对我说："不要把自己逼得太紧。你承担的事情太多了。有些事情你必须放弃。你不是女超人。"

采访苏茜·韦尔奇的时候，她回想起了自己职业生涯中开始意识到自己不是女超人的那段日子。她说，"那时，我是一位有 4 个小孩的年轻职场母亲。我应邀在夏威夷的一个会议上给一群保险业的经理作讲座。因为想到我已经打破了工作和生活的平衡，于是我带上了两个孩子去开会。但那完全是一场灾难。"

苏茜笑着回忆那件事说："当我正在那个坐满经理的会议上发表演说的时候，我的孩子穿着夏威夷草裙闯进了会议厅。就在那一刻，我知道有些事情必须作出改变。"

尴尬的"夏威夷风情"使得苏茜开始怀疑自己是否真的可以"一心多用"。很明显，每个人都有一个极限。在 2009 年 2 月，总统奥巴马的首席经济顾问拉里·萨默斯在关于财政责任的白宫峰会上就因为打了个盹儿而受到了很多奚落。他当时就坐在桌上最显眼的位置。我同情他——每个人都需要休息。

MARIA BARTIROMO

寻找你的动机

假如你可以回答这个简单的问题"你的动力是什么",你就可以打开成功之门。但你必须深挖,我指的动机不仅仅是外在的动机——获得财富和地位。我指的动机还包括长远目标。长远目标对于个人的发展的确很重要,但它却并不是促使你每天早上起床的原因。你必须现在就开始寻找自己的动力。对我来说,我的动机就是我期待发现新的东西。我喜欢准备采访,因为我可以在准备采访的时候随心所欲地打电话给任何一个我想了解的人。当我从他们那里听到和学到新的东西时,我就会感到很开心。

动机源于强大的个人志向。这意味着只要你努力学习和努力工作,你就可以实现任何事情。这是一个美国梦。当我们不能向孩子们证明努力工作和成功的关系时,我们就会误导他们。我的一个朋友告诉了我他儿子高中班里发生的一段不愉快的经历。老师觉得她是在激励学生,其实相反,她让学生们失去了学习的动力。学生们参加了她组织的一次考试,那些认真学的学生,包括她的儿子,都考得很好。那些不认真学习的学生当然就不及格了。但那位老师却因为很多学生不及格而心烦意乱,于是她宣布下次考试时她将会采取"成绩再分配"的做法。班里的每一个人都会得到跟成绩最差的学生一样的低分。她告诉学生:"你们最好全部都努力学习,要不然你会把班里的其他人都拖垮。"

一些学生学习而另外一些学生不学习,这是无可厚非的。但这个老师却希望通过让整个班的学生都不及格来激励那些拖后腿的学生。然而,学生们并没有像她所期待的一样受到激励。等到下一次她考试的时候,就没人再学习了。他们想:何苦呢? 假如努力学习和不努力学习的结果都一样,那还费什么劲呢?

在考虑个人动机时,你必须知道你所做的和你想取得的成就是有关联的。扪心自问:你每天的动机是什么——是什么驱使你早上起床的? 你每年的动机是什么——学习一项新的技能或者在公司得到晋升的机会? 你的长期动机是什么——10 年后你想成为什么样的人?

从胜利中汲取经验

我们传统的思维应该是你从失败中汲取教训。但加里·卡斯帕罗夫却完全改变了我的观点。我问他,从下象棋的日子里学到些什么？当了这么多年的世界冠军他学到了什么？他给了我一个意想不到的回答:"大部分人都会细察自己的错误,然后说:'我本应该这么做,我本应该那么做。'但我总是细察我的胜利,然后总结我做对了什么,如何做得更好。"加里的思维模式让我感触良多。陷入失败的沉思后,我们只会更多地谈论我们的弱点而非我们的潜质。我们需要像加里那样,用积极的观点激励自己、鼓舞自己的斗志。加里的见解是无价的,而且这很明显是来自于一个比赛选手的头脑。**仔细回想你的胜利并从中总结胜利的经验,把它用在你的下一场"比赛"中吧！**

拒绝压力

马丁·索雷尔爵士曾经告诉我:"假如你正在做你自己喜欢的事并且可以在家庭、事业和社交之间保持平衡,那么压力就是不存在的。但是,很少有人能在3者之间达到平衡。"他承认他自己也做不到。有时候,他会因为工作繁忙而牺牲掉本应花在家庭和社交上面的时间。但只要他看到自己开始失衡,他就会尽最大的努力重新平衡他的生活。

能够在取得成功的同时避免压力是一种非常理想的境界。我们都知道压力会使人处在一种痛苦的状态,严重的压力甚至会导致死亡。压力就像一个恶霸,它总是强迫你漠视自己的需要。所以,无压生活的构想无疑能让很多人怦然心动。

塔塔咨询服务公司的副总经理拉马多拉里上过几次我的节目,他还参与过我的《创新商机》的系列节目。他是信息技术服务的执牛耳者。尽管贵为促进印度技术腾飞的先驱,但他还是时刻都抱着谨慎的态度,因为这个时代太不可预测。当我问他如何做到"任凭风浪起,稳坐钓鱼台"时,他回答:"我成功的基础是保持冷静,敢于接受新观点,并始终耐心地去倾听和学习。"在困难时期,倾听不同意

见非常重要。而灵活是另一个必需的要素,它允许我们在从一个问题跳到另一个问题的过程中不会陷入泥沼。在困难时期,我们可以做那些在经济强势增长时不能做的事情——静下来反省,问问自己"我这样做对吗"之类的问题。

我喜欢他对于灵活和集中的看法。目前的市场环境很容易让人应接不暇。我们要面对海量的信息和市场的瞬息万变。当市场变得疯狂的时候,速度和混乱在我每天最后一小时的节目《收市钟声》里都能体现出来。你可能在噪声中变得盲目,有的人甚至会沉迷于噪声中。在《收市钟声》的节目里,我必须迅速地对各种市场变化作出反应。开口说话前,我必须保持头脑清晰。市场可以变得疯狂,但我不能。

身兼运动教练和投资银行家两职的乔·莫格利亚告诉我:"这两份工作都是关于怎样在压力下调整好自己。两份工作——教练和银行家——都是要采取正确的战略领导队伍战胜对手。而两种职业都需要有影响员工思想的能力,让他们为了共同的目标团结在一起。"

迪帕克·乔布拉成功地通过他的著作和教学把东方的哲学融入到了西方的思维模式。他出版过 50 本书,他在创作上的多产性着实是令人震惊。迪帕克博士告诉我,减压和培养耐性需要养成正确的生活习惯。通过与他的交流,我发现他在专注一件事情时,能够做到精神高度集中。当我们坐下来后,他问我:"你要来一杯酒吗?"我说:"好的,请帮我倒一杯。"但我注意到他并没有给自己倒酒,于是我问他为什么不给自己倒酒。他回答说:"我不喝酒。通过观察,我发现酒精会让人整夜都精神亢奋。保持健康的关键就是要有足够的睡眠。"

看看杯里的酒,忽然间我也不想喝了。但迪帕克只是微笑着。他一点也没有批判或恐吓的意思。他只是一个观察家。在那个晚上他对我重复了几遍他的见解:睡眠是健康的灵丹妙药。他说:"假如你只能做一件事去培养耐性,我会建议你每个晚上至少保持 8 个小时的睡眠。"斯坦福长寿中心的罗拉卡·斯坦森博士曾经说过,许多人都只注意保持身体的强壮,但其实我们首先要做的是保护我们的大脑。她指出,健康的心血管活动是大脑聪明伶俐的基础——**健康心血管活动加上从事自己喜欢的工作就是长寿的秘诀。**

做一名空中服务员

在一个晚宴上，我身旁坐了一名男士。他在一个大型贸易公司的股票部门工作。他说："我的工作就像一个空中服务员一样。"他的比喻让我哑然失笑，于是我问他是什么意思。他解释说："当飞机受气流影响产生颠簸的时候，机上乘客就会产生担心坠机的恐慌。这时，我就必须面带微笑地平复每个人的情绪。围着交易专柜走的时候，我会说：'没关系的。这点风险就是我们得到酬劳的原因。行动起来，让我们工作吧。'等到回到办公室，关上门的时候，我其实也会害怕地对自己说：'啊，上帝啊。我真不敢相信居然会发生这么恐怖的事情。'即便如此，我也从来不会在我的团队面前表现出一点的焦虑。"

这就是领导力。也许有人会说这也是一种心理上的优势。在危机关头，假如你冷静地说话，你就会镇定下来。历史学家多丽斯·卡恩斯·古德温，在回答为什么人们一次又一次地向亚伯拉罕·林肯讨要深刻见解时说："因为他在危机面前表现得既平静又镇定。"

当 2008 年金融风暴刚刚袭来时，市场的恐慌感引起了更大的危机。我们在 9 月和 10 月里感到了无比的紧急、担心和害怕。在连续几个星期里，很多大金融公司的老板都会在星期五会见纽约联邦储备银行的政府官员。曾经无限辉煌的金融公司们在金融危机面前变得岌岌可危。我记得在许多个星期天的晚上，大家都会等着政府官员在亚洲股市开盘前发布最新消息，屏息以待地看着哪个大公司又要倒闭了。

那段时间里，我上了一个名叫《考伯特报道》的讽刺性政评节目。史蒂芬·考伯特用他那招牌性的残酷反语完美地演绎出了大众歇斯底里的情绪，他睁大双眼问我："到底发生了什么事情？是街上出现了食人族？还是破产的股票经纪人们变成了夜行的僵尸？还是我们都应该投资纸袋，让人们在危机结束前一直用纸袋呼吸。"

我笑了，一部分原因是史蒂芬精准地捕捉到了那段时间弥漫着的情绪。当经济形势每况日下时，我感觉到越来越难保持冷静。当时我在证券交易所录制节目，我发现我的周围充满了愤怒的空气，于是我就像空中服务员那样在动荡的情

MARIA BARTIROMO

境中坚守自己的岗位。

遵守纪律

纪律是耐心的基石,具体表现形式因人而异。对我来说,纪律意味着随时作好准备,了解市场的一举一动,准备好应对嘉宾的提问。纪律的另一种形式是每天在电视上都拥有很好的形象。那意味着我不能熬夜到很晚或者一直吃自己爱吃的高热量的意大利菜,因为这些都会在我的脸上或臀部上显露出来。当你在从事视觉媒体工作的时候,不管多难,你都要做到保持良好的形象。所以,我必须过有规律的生活:早上 3 点起床,在早上 7 点时要做到容光焕发。观众可以穿着睡衣看新闻,但播新闻的主持人却不能。

纪律同样也意味着拥有适当的短期和长期计划,这个概念是来自于苏茜·韦尔奇在 2009 年出版的《一生瘦身计划》。书中写道:"如果你选择消极被动地活着,那你就会被命运的无常所支配;生活会时刻地'折磨'你,而不是你在掌握着自己的生活。"苏茜的技巧就是每次在自己下决定前问自己三个问题;"在 10 分钟后这个决定将会怎样影响我?在 10 个月后这个决定会怎样影响我?在 10 年后这个决定又会怎样影响我? "基本上,10-10-10 就是管理人生的一个工具。苏茜在要作出一些困难的决定时发明了这个工具。她感觉自己一直以来都太注重当下,所以必须学会协调好眼前利益和长远利益。她既不想万事都靠直觉,也不想凡事都只顾眼前。在她的书里面, 苏茜讲述了很多人的故事, 他们在采用10-10-10 方法后成功地增加了他们的能力和满足感。在读完这本书后,我惊奇地发现自己在作决定或在筹划节目时也会不由自主地依照这"三个 10"原则行事。我意识到,对于像我这样的记者,我们都是很容易只活在当下。我们每个人都如此的匆忙,如此想作出"新闻报道"。但是在我看来,与其去抢第一个采访的"独家",不如作出真正有深度的"独家"。我们要看清所谓的"成功的捷径"的危害,很多"捷径"都以牺牲诚信为代价,一旦我们走了这些捷径,也就为自己长远的发展埋下了隐患。在每天的日常工作中,我都努力地告诫自己要用长远的眼光看待问题。

让自己陶醉

一天,我正坐在办公室里熟悉节目台词。突然间,我接到了弗朗西斯·柯波拉办公室打来的电话。一名彬彬有礼的秘书对我说:"柯波拉先生下个星期到纽约来,他想跟你见个面。"

我张口就问:"和谁?我吗?"尽管我可是他铁杆的粉丝,但我还是冷静地问她为什么会找到我。

她很神秘地回答说:"他正在从事一项重要的工作,他想跟你讨论一下工作上的事情。他大概需要 4 个小时的见面时间。"

我越来越好奇了。但我跟她解释我那天不能进行一个 4 小时的约会。她说没关系,见面的地点定在 NOBU 餐厅。那是一家由罗伯特·德尼罗经营的极负盛名的餐厅。

我准时抵达了餐厅,但弗朗西斯·柯波拉已经提前到那里了。我兴奋得一阵头晕目眩——对我来说,这太有趣了。我真的不敢想象弗朗西斯·柯波拉会想跟我讨论事情。一般情况下我晚上都会很累,而且如果我有生意上的聚餐或活动,我一定会提早离场,但这个晚上我一点都不累。我很开心可以与这位世界上最优秀的导演共度 4 个小时的时间。

弗朗西斯表现得非常友好和随意——我认为这是他成功的一个关键因素。一坐下来,他就开门见山地说:"玛丽亚,我正在拍一部叫《大都会》的电影。其中的一个角色是以你为蓝本创作的,因此我想更进一步地了解你。"

我听后立刻目瞪口呆。缓过神来,我说:"这真不敢相信。"但我被他完全说服了。

他给我描述了这部电影。电影里有个角色叫哇·巴尔的摩(真好的名字!)。她是在纽约证券交易所采访的一名记者。她出生平凡,但事业发展迅速,就像现实中的我一样。弗朗西斯希望通过更深入地挖掘我的性格使巴尔的摩的角色变得更加有血有肉。他详细地询问了我的人生经历。之后,他还跟我的家人一起共进晚餐,并作为我节目的嘉宾参观了证券交易所。我能感受到他对我一举一动的敏锐观察。

弗朗西斯对于每个细节都不放过。他对我生活的观察非常的全面,这让我对他的工作也充满了好奇。我从事的是商界里的工作,所以他所表现出的细致入微的研究态度对我来说并不陌生。但我知道当他在创作一个故事时,我以为那会轻松许多。我想弗朗西斯只要随便照着我的样子创做一个人物,然后再虚拟一个故事背景就完事了。但他却完全融入到他的每个角色当中。他对人物真实性的追求使他成为了一个出色的叙述者。

多年以来弗朗西斯一直都秉持着一丝不苟的工作精神。这些年来,他已经写出和弃用了 200 多个剧本。我很少遇到像他一样的注重细节、追求完美的人。这部电影是他心头的一块肉——他希望通过电影把纽约的宏大形象搬到银幕上。虽然我的角色和贡献只占了整个电影极小的一部分,但是他仍然非常重视地跟我探讨每一个细节。随着与弗朗西斯的相处,我发现自己在待人接物方面与他的巨大差距。在他的启迪下,我决定以后用更加认真的态度待人处世。

充分地研究了我的生活后,弗朗西斯又安排了另一次和我的见面,他向我道歉:"玛丽亚,通过与你的相处,我认识到电影中的角色一点都不像你。"

"哦。"我的脸立刻沉了下来。

但他很快补充说:"巴尔的摩是一个邪恶的女人。"他接着描述了一个机关算尽、心狠手辣、为达目的不择手段的女人。

我惊恐地问道:"你认为我就是这样的女人吗？"他发誓他从来没有这么想过——那个角色事实上是一个混合体。

我欣赏弗朗西斯的诚实。他并没有利用我,他担心电影中的角色会影射到我。他甚至邀请我去读了一部分剧本。我不是一名演员,我也不打算成为一名演员。几个娱乐八卦的专栏作家开玩笑地写道:"玛丽亚是不是会离开华尔街转而进军银幕呢？"不可能的！不过,能够为弗朗西斯这样伟大的导演朗读剧本真的很有趣。没错,他就是请我去读了！

《大都会》还在初步筹备阶段,它也可能永远不会完成。弗朗西斯受到了诸多批评家的指责,他们认为弗朗西斯太过于执著于拍出史诗气息而阻碍了自己的成功。现在史诗级的巨片不但成本高昂而且剪辑的工作量过于浩大。但我却在弗朗西斯身上看到了常人难及的坚忍不拔——那是一种耐心倾听的能力。也许他的这种能力就源自于他童年时期患上的小儿麻痹症。当时他由于行动不便而长时间待在床上,他必须找方法来娱乐自己。只有在看电影时,他才可以全心地投入,暂时忘掉自己的病。这种经历把他造就成一名非凡的导演。他的才干让人叹为观止。

活到老,干到老

我的舅公查尔斯是我生活中的榜样。他是我母亲的叔叔,逝世于 2004 年,享年 104 岁。我认为他的长寿秘诀是他尽管过了百岁高寿,但从未停止过工作。他在人生的最后几天中,仍然一如既往地在花园里除杂草。他每天都能为自己找点事做。他为自己每天定下的一个个的小目标让他活到了 104 岁的高龄。

我在工作上认识不少上了年纪的人。尽管他们很多人都已经年逾古稀,但在生活中,他们依然有着年轻人般的活力。我喜欢观察他们的生活。有时候,我想如果你能把 50 个 80 岁的老人聚集在一个房间里,那这个世上就没有什么你办不到的事情了。

2009 年 4 月,前总统老布什邀请我以小组成员的身份参加他在德州农工大学布什图书馆主持的经济领导人论坛。与会的各位嘉宾都发表了自己的观点,会场中不时爆发出一个个发人深思的讨论。会议开始之前,我有幸参观了老布什和芭芭拉·布什的住所。我们一进门,前任总统老布什就立即从他椅子跳起来迎接我们。84 岁的他,不论是在体力上和精神上都不输于我这个年轻人。80 岁的时候,他还进行了一次飞机跳伞,这件事当时登上了各大新闻的头条。他告诉我还计划在他的 84 岁生日再跳一次。(他不只是说说而已,2009 年 6 月,我们的前总统老布什和麦克·艾略特中士又进行了一次双人跳伞。)

芭芭拉也满面春风地走了进来,她看起来也是精神头十足的样子。真是很难相信她在 5 周前才刚做过一次心脏手术。

我问她:"布什夫人,你感觉好点了吗?"她咯咯地笑了,让我觉得我问了一个愚蠢的问题。她说:"我很好,手术进行得很顺利。医生告诉我手术之后第二天我就可以遛狗去了,我还真的就遛了一下家里的狗。"她依然保持着幽默的谈吐。

沃伦·巴菲特曾经说他想在自己的墓碑上刻上这句话:"上帝啊,他死的时候

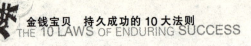
MARIA BARTIROMO

已经很老了。"也许生命的真谛就在于在老死的时候还保持着一颗年轻的心。肉体上的力量和精神上的坚强是持久成功的关键因素。保护好你的体力和活力！

P U R P O S E

目标

抓住要害

2009 年 4 月 22 日，我一觉醒来就听到了一则不幸的消息：41 岁的房地美公司的首席财务官大卫·凯勒曼自尽身亡。我当天在作电视报道的时候，脑海里总是萦绕着他自杀的画面。后来我发现，很多人对大卫的死都耿耿于怀。他自杀的举动着实令我们很震惊。虽然我从来没有见过他，但很多人都跟我说他是一个很快乐的家伙。他有着美满的家庭，做着自己喜欢的工作。那到底发生了什么事情会忽然间改变了这一切呢？我们可能永远也不会知道真正的答案，但我们很清楚地知道他生前遭受着巨大的压力。大卫执掌房地美公司财政部的那几个月里，因为要重振公司，一直都顶着公司亿万美元的亏损和政府调查的双重压力超负荷工作。他的朋友们说那段时间他瘦了许多。自杀前不久，公司人事部总监考虑到这些，并还曾建议他休几天假缓解一下压力。

虽然我并不清楚大卫的自杀动机，但根据我的观察：当人们在工作和社会中感到迷失，找不到处理失落的方法时，悲剧就会发生。大卫的自杀事件并不是危机时期的个案，还有不少其他的人遇到了解不开的结后自寻短见。我只愿这些自杀的人一路走好，他们的家人能够坚强地生活下去。

无论你到哪里，你都会发现内心承受巨大的压力的人们，有人会像大卫一样被重压击垮，但还有些人会把压力当做一次机会来反省自己的生活，重新评估自己设定的目标。他们会认真地思考："哇！等一下，现在最重要的是做什么呢？"我们要确立，并且实现自己的理想。即使是在逆境中，我们也要不达目的誓不罢休。我们不能把理想建立在财产、别人的评价或是我们每天是否都能顺心如意的基础上。反犹大屠杀的幸存者和《追寻生命的意义》一书的作者维克多·弗兰克尔曾经这样描述过一个有目标的人："他们知道自己生存的意义，而且能够承受生命中的各种起伏。"

小憩片刻

一天，我刚刚结束在南部的一所大学的演讲，坐在前往机场的车上。我的司机是一位年轻人，一个即将毕业的大四学生。我跟他聊了起来。他告诉我他有很多渴望去做的事。他想去旅游，他想学习几门外语，他想做一些有趣的事情，从现在的课业中稍微歇一歇。但这都只是一些一相情愿的想法，因为他必须为他即将开始的事业作好准备。他说："外面充满了竞争。"

我发现自己在想，他多年轻啊，时间过得多快呀。我们都曾经梦想过有一天自己可以去冒险，但我们当中多少人真的抽空去了呢？我想起了百事公司首席执行官英德拉·鲁伊在一个小时前跟这群学生讲过的话。她说，找工作的确劳心费力，但同样也是一个机会。一个机会让自己不用再一门心思都想着如何找到高薪的职位，把精力放在帮助生活困难的人们之上。

于是，我对这名学生说："现在经济形势并不好。与其现在就投身职场，不如去冒一下险，做点不一样的事情。不妨用接下来的 12 个月去体验一下世界，感受一下生活，因为过了这段时期，你就不会再有机会这么做了。一旦你投身职场，你就不会有时间能在夏威夷待上一个月，或者去欧洲背包旅行了。现在正是你体验这一切的时候。或者，你也可以多尝试几份不一样的工作——那些你一直都想知道自己是否真的会喜欢的工作。这个时期可能是你人生中最重要的 12 个月。也许如果照着我说的去做，你就会发现许多自己真正喜欢的东西。"

他听到我的建议非常惊讶，不过我还是希望他能听进我的建议。很多学生被毕业就业吓傻了。他们控制不了恶劣的经济环境，只能控制自己的选择。我要再次重申，如果你并不是非得在毕业后的第一年就赚尽一辈子要赚的钱的话，你的

择业范围还是很广的。

我的侄子乔纳森也在 2009 年从大学毕业。他说："比赛开始了。"我对他年轻冲动的想法报之一笑，我跟他说："我希望你停下来闻一闻玫瑰的芳香。"他听了我的话，不禁笑出声来，但我其实是很认真地在跟他讲话。我说："乔纳森，现在你有的是机会。你可做很多自己喜欢的事情，在不断的尝试中找到自己的兴趣。我不希望你在二三十年后幡然悔悟自己当初太过急躁。"

要成功就得努力

不管是社会高层还是底层，都在努力地寻找生活的意义。我们都渴望满足，但同时又担心满足和成功不能兼顾。为了寻求满足与成就的真谛，我找到了大师级的学者迪帕克·乔布拉博士。

迪帕克的观点引人入胜。他说，在他的经历中，商人们都由衷地希望自己不但能够出类拔萃而且还能够为别人带去启迪。迪帕克还说，"凯洛格管理学院作学术研讨时，我们一致认为领导人物必须顾及受到决策影响的所有人的利益。要建立起成功的事业，首先就要打造出一支精品团队。保证所有的人对团队都有一种归属感。保证你的雇员哪怕是在私人生活方面都是健康的、有创造性的和有所成就的。千万不要以为私生活和工作彻底无关。"

我非常认同他的观点，但我也表达了很多人的忧虑——在竞争激烈的世界里，生活水平和个人通过做自己喜欢而且有意义的事而得到满足看起来总是两个不兼容的目标。

但迪帕克不同意我的忧虑，他说："你必须考虑到人不同层次的需要：生存、安全、物质财富、成就、爱情、财产、自我价值、自尊和更高追求。你必须询问人们：'你想要什么？你是谁？怎样才能使你的生活变得更有成就感？'你必须与你的团队一起想出一些创造性的主意去规划未来，然后通过实际的方式去实现你的蓝图。"

迪帕克说："顺便一提，其实成功只有一个原则，那就是追求卓越、漠视成就。假如能够做到精益求精，那么成功就会自然而来。"他说得很对，在我自己的事业里，我从没有以成功为目标。一直以来，我都只是在追随我的梦想，听从内心的指挥做自己真正想做的事情。我从前并不知道将来会怎么样,但我心里很清楚:即使我以后不能每天都出现在电视上,只要我工作得开心,实现了自己的目标,我就已经成功了。心满意足才是真正的成功。

感恩

　　20 世纪 90 年代末期,我刚在 CNBC 站稳脚步就收到一个自称是乔伊·雷蒙的家伙发来的电子邮件。他对投资和股票市场的认识十分深刻,并对我在电视上讲过的东西进行独到的评论。一开始,我都不去理会这些邮件,因为我听说过的唯一一个叫乔伊·雷蒙的人是雷蒙斯乐队的一个朋克摇滚乐手。我对音乐的品味真的很老土,我的随身听里放的都是法兰克·辛纳屈和雪莉·贝西的歌(我丈夫总是说我:"玛丽亚,你是我认识的最土的人。")但有一天,我被邮件里展现出来的睿智和学识所吸引了,于是我回了他一封邮件。我真的想知道给我发邮件的人是不是真的乔伊·雷蒙,或许他在资金方面有所建树。我们通过电子邮件开始交流,并打了几次电话。有一天,他打电话给我说:"我为你写了一首歌。你可以晚上来 CBGB 酒吧听我演唱吗?"

　　我笑着说,"乔伊,我真的很高兴,但我必须熬夜到凌晨 4 点。所以晚上有时间的时候我只能躺在床上休息了。"

　　乔伊的魅力让人无法抗拒,他说服我派一个摄影组去录下了他的表演。看了他动情的表演后,我震惊了。下面是这个长头发的摇滚歌手为我写的歌,这首狂野不羁的歌曲感动了不少人的心。

　　华尔街在发生着什么?
　　证券交易所在发生着什么?
　　我想知道。
　　《财经论坛》在讲什么?
　　我的股票怎么样了?
　　我想知道。
　　每一天,我都在电视上注视你,

MARIA BARTIROMO

那双眼睛告诉我一切都好。

我每天都注视着她，

我每晚都注视她，

现在再也看不见她了。

玛丽亚·巴蒂罗姆，玛丽亚·巴蒂罗姆，玛丽亚·巴蒂罗姆

……

　　乔伊是一个好人。他从未告诉过我他当时已经身患重症，我更不知道那次演唱竟会是他最后的绝响。2001 年，他因淋巴癌不治身亡。

　　当我听到他逝世的消息时，我感到无比的懊悔。我希望，哪怕就一次，我能整晚不睡觉地看完他的表演。这件事给我上了一课——**必须懂得用行动去珍惜那些意想不到的礼物，因为送你礼物的人可能明天就不在了。从此之后，我开始用心对待我身边的每一个人，更加注重观众对我的反馈，更懂得去欣赏那些普通人碰巧讲出的深刻见解。**

给妈妈打个电话

　　我们都总是在强调在同事和生意伙伴间建立一个相互支持的人际圈是非常重要的。但是，假如你够幸运的话，你早已经有一个更重要的支持系统在身边了：那就是你的家庭。为了准备这本书，我采访了很多人，他们告诉我，他们家庭的支持是他们成功的关键。无论发生什么事，总会有人在你背后支持你。我的一个朋友笑着说，他的母亲总说他是个天才。他说："她是我母亲，她当然会这么想了。"当他讲这番话的时候，他眼睛闪闪发光。他母亲对他无条件的支持是他自信的源泉。他知道在别的地方，自己是不可能得到这份自信的。他母亲会毫不犹豫地"掺和"到他的事情当中，并会在任何事情上都毫无保留地给出她真实的意见。

　　在某方面我觉得自己是幸运的，因为我知道家人永远都是我的依靠，尽管在年轻的时候我并没有好好地珍惜。我很清晰地记得青年时期发生的一段小插曲。那时，我和男朋友分手了。当我母亲发现我的时候，我正坐在地下室哭。我向她哭诉了我的悲惨遭遇，而母亲也尽她所能地去安慰我。但我真的觉得这事极度地令

人伤心和丢脸,我求我母亲不要把这件事告诉其他人。她说:"不用担心,我不会的。"但转眼间,当我走上楼的时候,我听到她正把我的整个故事告诉我的父亲和我的兄弟姐妹。我感到非常的尴尬,她怎么能这样呢?但是当我回想这件事的时候,我只是一笑置之,因为这件事展现了我家的一个核心价值:我们一家人的心是在一起,而且我们永远都会在一起。这里没有所谓的"我"的问题,它是"大家"的问题。这也是我成功的关键。我之所以能成功全是因为他们在我踌躇的时候支持着我。每当我给父母亲或者兄弟姐妹打电话时,他们总能为我注入力量和自信。顺境时,他们会为我高兴;逆境时,他们会在我背后支持我,逗我开心。

马丁·索雷尔爵士跟我讲述了他与父亲相似的关系,他父亲于 1989 年逝世。马丁说:"我跟我父亲的关系非常密切,他是我最好的朋友和最好的顾问。我可以一点都不夸张地说,不管是在 1987 年与智威汤逊广告公司的敌意收购战,还是在 1989 年与奥美公司的关系剑拔弩张时,我每天都会跟父亲交谈 3~4 次。交谈中,他既是朋友,又是父亲,还是我的顾问和律师。"我被马丁的回忆所感动,我可以想象到他有多么怀念父亲在世时的岁月。马丁之所以能在事业上一展拳脚主要还离不开家人的支持。很多高管都告诉过我相类似的故事。来自家人的情感支持对于他们的成功至关重要。

无论多忙,请务必抽点时间给父母打个电话。从家人获取力量是成功的第一条规则。

发现什么才是重要的

1997 年时,时代华纳公司的首席执行官杰拉德·列文是世界上最有实力的媒体巨人。他被誉为大胆的创新者和标准的工作狂,当时他每天 24 小时、每周 7 天都处于工作状态。但就在那时,他的生命遭受到灾难性的打击。杰拉德在纽约州公立高中做老师的 31 岁的儿子乔纳森,被以前的一个学生伙同其他犯罪分子劫持并杀害。

杰拉德当时唯有通过沉迷工作的方式去忘掉那场灾难。回首那段岁月,杰拉德向我坦诚地说,"我就是将生活中重要的事情本末倒置的典型。失去儿子是我生命中最大的一劫。当时,我不想去了解,也不想去面对这件事。所以我一头扎进

了工作——我希望人们能从我身上吸取教训，因为我这样做其实是给自己的情感蒙上了一堵铁幕。事实上，如今的商业文化鼓励人们不受情感的困扰。谈判能力和成功从来就与脆弱的感性无关，要成功就要做一个冷血的超人。然而，我最大的错误就是没有面对这场悲剧，没有尝试着去了解那场灾难。"

在很多人眼里，杰拉德都是一个超人。但就在他儿子去世后的第3年，他作出了一个他事业生涯中最大的冒险：他花了1 060亿美元吞并美国在线公司。这是一个毁灭性的错误，而杰拉德被迫离开了他的公司。他的事业从此停滞了，而这时他才忽然领悟到什么才是生命中最重要的东西。他告诉我："在此之前，我的全部关系——甚至我和自己的关系——都建立在时代华纳公司的命运之上。只要是跟时代华纳生意上无关的东西，我都不感到一丁点的兴趣。"

在经历了那些巨大的损失后（先是他的儿子，然后是那份给予他地位的工作），杰拉德本可以有很多选择。他完全可以为回到事业的顶峰而继续努力奋斗。相反，他作出了个戏剧化的转变。他彻底改变了他的生活。他和他的妻子，前好莱坞经纪人劳里·奥恩在加州的圣塔莫尼卡市创办了关爱成功人士心理健康的"月景诊所"。

月景诊所鼓励雄心勃勃的高管们抛开他们的地位去寻找人生的价值和生命的意义。今天，当他谈及怎样才能成功的时候，他显然已经不是几年前在经营媒体事业的那个人了。杰拉德告诉我："我的建议是每天都要保持进行冥想。这是董事长的生活节奏下所不可能做到的，但这却是你应该去做的一件重要的事情。我经常通过走进电影院看场电影，或者坐在弗里克博物馆的小瀑布前来寻找内心的安宁。寻找内心的安宁和筹备召开分析师会议一样的重要。"

如果10年前有人给杰拉德这样的建议时，他一定会嗤之以鼻。但经历了一场深刻的个人危机后他醒了过来。他希望高管们不用遭受像自己一样的经历，就可以学会他想传授的道理。

把优先要做的事情做好

生活中经常会有急转弯，它可以在一瞬间就打乱我们的计划。几年前当我母亲生病的时候，我意识到了世事的无常。当时我正在美国西部徒步旅行，途中我打电话给我母亲,想知道她和医生的预约情况。她当时要做一个换膝手术。我母亲很焦虑,她抱怨:"我不知道这个医生是怎么搞的,我只是换膝盖,但他说在我做膝盖手术前必须去做一个肺部 X 光检查。实在没办法我就做了,不过我还是不知道我的肺怎么又跟膝盖扯上关系了。现在他居然又让我做一次 X 光透视。"

我觉得有点不对劲,于是就找来医生的电话并打给他。我用开玩笑的口吻问他:"医生,你想对我母亲做什么呢? "

他很认真地说:"我们发现她的肺部有一个斑点,我们必须仔细检查清楚。最糟糕的情况是,这个斑点可能是肺癌的症状。"

我真不敢相信我听到的话, 于是我告诉医生:"她一生从不抽烟, 向来都健康,而且她每天都进行锻炼。"但尽管我这么说了,我还是想起了她常年工作在二手烟弥漫的赌马场:是二手烟的原因。

我立即行动起来,我打电话给我认识的每一个医生并跟他们预约。就在我回到家的第二天,诊断出来了:一期肺癌。我母亲立即排期进行手术。

忽然间,我生命中没有什么东西能比我母亲更重要了。从她的手术到康复,我每时每刻都记挂着她。那时,我工作很忙,连续在跟进几个不同的项目。但好像有人把我的插头拔了,什么事都停下来了。因为此刻,母亲才是最重要的。

我母亲成功地挺了过来,癌症没有再复发。最近,在做完膝盖替换手术后,她终于可以到处走动了。当我无法应付工作或忙得抽不出一点时间的时候,我就会想起那段时间——在紧急关头时我是如何马上转移到最重要的事情中去并优先去做我必须做的事。而每次当我母亲抱怨她的膝盖的时候,我都会提醒我母亲说,她的膝盖是我们的幸运之物。如果没有那些膝盖检查和最终的肺部 CT 扫描,我们可能就不会轻松摆脱癌症。感谢上帝,感谢母亲的膝盖。

别把爱情给落下

在线婚介公司、网络红娘的首席执行官格雷格·沃尔多夫告诉我,尽管经济不景气,但他的生意却异常红火。为什么呢? 人们在爱情上投入得更多了。他说,"经济衰退敲醒了人们,并强迫他们从长远的角度去评估什么才是他们最优先考虑的事情。"

仔细考虑他说的那番话后，我发现了一个重要的道理：成功的欲望是令人兴奋的，但同时它也可以使你变得形单影只。爱情、家庭和友情的协调会给我们提供一个靠垫，使我们拥有更稳定的希望。我采访过很多成功的人，他们都认为爱情是成功所不可缺少的要素——尽管他们很晚才意识到这点。杰克·韦尔奇告诉我，他在将近 70 岁的时候才遇到了苏济。她改变了他的人生，并让他体验到了找到精神旅伴的快乐。

笑着醒来

乔纳森和我结婚后告诉了我一件让我非常感动的事。他说，"你知道我什么时候决定一定要娶你为妻吗？就是那天你笑着醒来的时候，我问你：'你笑什么呢？'你说：'我梦到圆筒雪糕了。'我当时就想自己要跟一个做着甜蜜天真的美梦，笑着醒来的人共度余生。"

快乐是有传染性的。我们都想围在那些快乐的，时刻洋溢着积极、乐观生命力的人身边。威利斯集团的首席执行官乔·普鲁莫瑞曾多次参加我的节目。当我想知道保险业到底发生了什么事的时候，乔总是能告诉我许多行业内幕。于是我跟他说，"你就把我当成你的祖母，用你跟祖母谈话的方式跟我解释一下到底发生了什么事吧。"他真的这么做了，而且他真的很在行。

在美国国际集团正经历着危机的某一天，我打电话给乔并听到他设定的语音信息。那是我听过最快乐的信息："你好，我是乔。祝你有美好的一天，过得开心。"这条信息让我笑了，听到这条信息后我的心情也好了起来。因此我给他留言说，"乔，我是玛丽亚。我只想在我挂掉电话前让你知道我更换了我的语音留言信息。你的语音信息真的很乐观，我希望我的语音信息也能这样。当你有空的时候给我回个电话吧。还有，祝你有美好的一天。"

那天，我更改了我的语音留言信息为："**您好，我是玛丽亚·巴蒂罗姆。感谢您的来电，我现在不方便接听您的电话，请留言，我会马上给您打回去。祝您有愉悦的一天，还有，不要忘了微笑哦。**"

在这个世界上留下自己的足迹

伊莱·布罗德和伊迪特·布罗德夫妇为人温和谦逊。就个人而言,尽管他们极为富有和有影响力,但他们还是远离公众视野,散发出作为普通人的满足感。伊莱·布罗德是一个有趣的家伙,他经历了一个从贫穷到富有的真实故事。作为立陶宛移民的后裔,他白手起家,建立了两所大公司。但在 1999 年以 30 亿美元的价格把"阳光美国"公司卖给美国国际集团后,他和伊迪特就决定用这笔钱去开创另一门事业。他们说这个决定是乐趣的开始——他们创办了伊莱·布罗德基金并开始用他们的钱去做些有影响的事。他们的基金是艺术领域的主要支持者,但他们真正的热情是在教育领域。

他们告诉我:"当我们在研究困扰美国人的问题时,我们意识到如果我们要成为一个真正有竞争力的国家,就需要提高我们的教育水平。美国的 12 年义务教育水平已经从 30 年前的世界第一跌到了第 19 位。我们想:这会影响美国的国家实力和民主制度,我们该如何改善这一现状呢?"

布罗德夫妇不想单纯地靠捐钱来解决问题。他们着眼于建立长远成功,所以他们采取的每一项措施都非常地切实可行。城市学区的管理是基金会关注的重点。他们注意到学区的管理者基本上都是大公司的首席执行官而这些人确缺乏教育管理方面的培训,所以布罗德夫妇创立了"大学区管理学院"。学院针对在职首席执行官和来自军队、企业、非营利组织、政府机构、教育界的领导们开设为期 10 个月的学区管理培训。培训的目的是让他们能够更好地胜任城市公立学校学区的管理工作。

布罗德夫妇同时注意到那些拥有最热门的工商管理学硕士学位和法学院学位的人从不参与城市街区学校管理课程。伊莱告诉我:"我们当时想效仿'为美国而教'在教育界作出的贡献,在管理界也开辟出一片天地。"于是他们开设了城市大学区教育的培训。该项目旨在培训有数年工作经验的商学院和法律学院的毕业生。培训结束后,学校会为学员们安排管理职位。

今天,当很多慈善机构在削减善款时,布罗德夫妇仍一如既往地为教育投入巨款。他们还参与了全国的各种进步性教育改革活动。他们很高兴将来能够为社

MARIA BARTIROMO

会留下一笔重要的遗产。

其实，你不必等到退休后才能成为慈善家。我相当佩服那些兼顾生意和慈善行善的企业家们。在 2008 年，我参与了在瑞士达沃斯举行的世界经济论坛。期间我访问了 3 位正在向全球观众传播自己信念的人：博诺、迈克尔·戴尔和比尔·盖茨。

博诺是一位摇滚明星，但比起他的表演，人们更为熟知的是他的慈善事业。在论坛上，他正在向观众叙述他最新的慈善理念——红色计划。计划的主要内容是和企业共同合作以抵抗非洲艾滋病的蔓延。他戴着那副招牌式太阳眼镜，用温和的语气讲述着自己的计划。看着这一幕，你很容易就会忘记他是一个超级巨星。他说："名声就是金钱，我想用我的名声做些好事。"那两位坐在博诺后面的人也是在他们各自领域的巨星。三人对于新的慈善模式都很兴奋。其实，他们的原理很简单：买一台戴尔笔记本或一张微软软件光盘，就等于向"红色计划"捐出了一笔款项。迈克尔·戴尔说："这很简单，当你买电脑的时候，你就已经在拯救生命了。"

比尔·盖茨补充说："创新是我们的朋友，我们必须不断地推陈出新。我们不能只想到富裕的消费者，我们必须想到另外 20 亿贫穷人口的需要。"

博诺的睿智使得消费和捐献强有力地融合在了一起。他说："这都是有关联的事情。一个普通消费者每买一样产品，就可以帮助一位艾滋病人从死神手里逃脱，而且他们不需要为慈善多花一分钱。"

对于博诺和跟他一起参与活动的人们，这是一件不需要在资本主义和利他主义中二选一的事情。它们两者其实可以是和谐统一的。

我在一群成功女性的身上也发现了相同的事例。我应邀出席了一个名叫"关爱女性"的重要晚餐。晚宴由约旦皇后拉妮娅、百事公司的首席执行官英德拉·鲁伊和名媛邓文迪主持。晚宴聚集了全球 300 多位杰出的女性，共同讨论了关于孕产妇死亡率的问题。出席的嘉宾包括利比里亚总统约翰逊·瑟利芙、芭芭拉·史翠珊、黛安·冯·芙丝汀宝、克里斯蒂·特林顿、玛莎·斯图尔特、泰拉·班克斯、蒂娜·布朗、多丽特·穆萨耶夫、冰岛第一夫人和其他很多名人。英国首相戈登·布朗的夫人莎拉·布朗在晚宴上作了主题演说。

我个人尤其喜欢这场晚宴，因为我感到了女性之间的团结，大家都为了解决一个重大的问题而共同努力。晚宴席间,在座的每一位都立志为正在遭受死亡威胁的孕产妇们提供资金和援助。许多第三世界的女性因为不能在医院分娩或者缺少包括干净的水在内基本的资源而死亡。当晚的宴会的目标就是让我们每个人都尽自己的绵薄之力来降低孕产妇的死亡率。邓文迪说:"今晚真让人激动,我们背后有这么多杰出的女性在为减少孕产妇死亡而奋斗着。"我们一个接一个站起来宣誓去尽我们各自的能力和资源去帮助这些妇女。我宣誓要报道妇女们面对的严峻挑战。黛安·冯·芙丝汀宝宣布要设计一款新的服装并把销售额的一部分捐献给这个特别的基金。我很高兴能够参与到这样一个重要的计划当中。

问自己:"我快乐吗?"

迪帕克·乔布拉改变了我关于把寻找幸福当做通向成功之路的态度。他告诉我,"现在世界上排名第一的潮流就是幸福。那到底是个人幸福、生态环境的'幸福',还是华尔街的'幸福'呢?"

迪帕克向我描述了他作为盖洛普民调中心科学顾问的工作:他跟盖洛普公司一起在世界不同的地方调查幸福指数的排行。他说:"美国人的幸福指数排名很后,在25个国家中排名第16或第17位。世界上最幸福的人生活在尼日利亚、墨西哥、波多黎各和不丹。"

我问:"为什么?"我真不敢相信这个排名的结果。但迪帕克有一个简单的回答,他说:"因为他们衡量幸福的标准不同。甚至古巴的排名也远远领先美国。我去过古巴,走在古巴街头,经常能看到音乐家、情侣们在公园散步,老人在跟孩子们玩耍。于是,我问招待我的官员:'为什么这里的人过得这么快乐?'他说:'因为我们没钱去买任何东西,所以我们更注重亲情。我们是一个亲属关系的社会,不是一个消费关系的社会。'而就在那一刻我忽然得到这个见解:消费关系——对于有内在、有知觉、有创造力、有想象的人来说,这是一个多么丑陋的描述啊!其实在美国,人与人之间远不止消费关系,但我们自己却用这样一个丑陋的词去描绘我们自己。我们是世界上最富裕的国家,但我们却是世界上最不健康的国家。我们有最先进的技术,但我们仍然是世界上最不健康的国家。我们有最先进的武器,但现在我们仍然没有安全感。所有这些外在的技术、金钱等因素都不能给人

MARIA BARTIROMO

们带来真正的快乐。真正的满足感来自于内心的平静、创造力、成就和亲密的人际关系。"

我被他的话深深感动了。忽然间，对我来说，学习如何快乐地生活变得非常紧急。我问迪帕克如何才能把这个理念教给美国人。

他的答案仍然是很简单。他告诉我，当他跟公司领导人磋商的时候，他会让他们坐下来，闭上他们的眼睛，然后回答他两个问题，"你是谁？你想要什么？"

这些领导人的回答便是有力的证据，迪帕克叙述说，"他们从不会说：'我是跨国公司的首席执行官或我想要钱。'他们通常会说：'我是一个父亲。我是一个别人可以信任的人。我想让别人幸福。我想要和平、和谐、欢笑和爱。'其实每个人心里想要的都是这些，但他们有时候却被误导：以为只要有了足够的钱，他们就会幸福。"

我们可以从工作中得到个人幸福——事实上，本来就应该这样。就如沃伦·巴菲特说的一样："我要创办的公司一定是能够带给我幸福的公司。谁会开一家让自己不快乐的公司呢？"他很清楚，如果他要牺牲成功换取快乐的话，那他的成功就没有意义了——成功必须本身就能带给他快乐。他说："我每天都跳着踢踏舞去上班。从走进办公室那一刻起，我感到无比开心。"

10

R E S I L I E N C E

弹性

跌倒了再站起来

MARIA BARTIROMO

我和乔纳森刚庆祝完我们的结婚十周年纪念日。尽管我们现在的婚姻生活很幸福，但开始时，我们处得并不是很融洽，有一段时间，我们差点一拍两散。我可以肯定地说，和乔纳森一起走过的日子是我人生中最幸福的时光。

　　我俩邂逅于 1989 年。当时我从纽约大学毕业后开始在美国有线新闻网上班。我受邀参加了一场在纽约的艺术街区格林威治村举行的阁楼聚会。聚会的主办者和乔纳森的生日刚好差了一天，于是他们就把两个人的生日放在一起庆祝。我和乔纳森在聚会上相处得十分融洽。第二天，乔纳森主动打电话约我。我们约好晚上 7 点半在曼哈顿的一家餐馆见面。但约会当天，虽然我一下班就从位于曼哈顿的公司赶回我和我父母居住的布鲁克林区去为约会做准备，但当我准备好一切，坐上前往约会地点的出租车上时，我已经迟到半个小时。不巧的是，我又遇上了大塞车。随着时间一分一秒地过去，我开始急切地不安起来。我把一切都搞砸了。我可能会迟到一个小时。于是，我给事先预订的餐馆打了个电话。我问："是否有一个男士还坐在吧台上等人？"服务生把电话递给了乔纳森，我不由自主地就开始道歉了。我问他："我的车被堵在半路了，你还愿意再等我吗？"

　　乔纳森很惊讶地回答说："我当然愿意等了，我们不见不散。"

　　乔纳森的回答让我松了一口气，我想：即便是再有耐心的男士也不过如此吧。但当我终于到了约会地点的时候，我俩突然一句话都说不上来。尽管他一直强颜欢笑地没话找话，但我整个晚上都觉得很不自在，我觉得这个人太无趣了。于是当晚我回到家后，我就对我母亲说："结束了，这个男人没有什么个性。"乔纳森也跟他的朋友说我很粗鲁，一切就这样结束了。

　　自从那天晚上之后，我俩一年多都没有再联系过。和其他人一样，第一次约会总是无果而终。当时，我正在写一篇关于小盘股的报道，我的一个同事建议我："你为什么不去访问乔纳森。他创办了一本叫《个人投资者》的杂志，是这方面的专家。"

　　因此，我电话联系了乔纳森，我俩讲了很多客套话。之后我问他，我能否访问一下他，他同意了，然后我俩定好了采访时间。那段时间里，我每晚都开夜车，在工作上付出了巨大的精力。而这篇关于小盘股的报道正是当时我的一个主要项目。但，就在我和乔纳森预约了访问的第二天，我就升职了。由于工作的变动，我不再负责小盘股的报道。因此，我又给乔纳森打了个电话，我说："我有一个好消息和一个坏消息，你想先听哪一个？"他无可奈何地说："那先说好消息吧。"我说："好消息是我升职了，明天就要走马上任，我很开心。而坏消息就是我不得不取消我俩之间的访问，不过我们公司仍然会继续作这篇报道，我会派我的同事克里斯·亨廷顿去采访你。"

　　乔纳森沉默了一下，接着有点生气地说："那算了吧，我不接受这次采访了。"

　　我一点也不明白这个家伙在想什么，于是我问他："为什么呢？"

　　"就是不想，没有为什么。"他回答。

　　我挂掉电话，心里觉得这个人"真是个坏蛋"。乔纳森挂掉电话也同样觉得我"真是个健忘的怪人"。

　　原本一切就该这样结束了，但乔纳森的一个举动改变了一切。不管我怎么让他失望，他还是对我有好感。两天后，他打电话约我一起去参加一个为纪念他父亲索尔·斯坦伯格而举办的慈善晚会时，我感到非常惊讶。

　　我当时不解："他唱的又是哪一出？"当天晚上，我为慈善晚宴精心打扮了一番，而且很准时地到达了约会地点。也就在那个晚上，我爱上了乔纳森。我看到了他和家人之间的融洽相处和他的翩翩有礼，当晚我们之间产生了火花。几年后，

我们就结婚了。

事实上,乔纳森和我能走到一起,靠的不是运气。我们之所以能走到一起,是因为我们没有被第一印象所左右,我们决定多给对方一次机会。

弹性就是要在经历挫折后继续坚持。即使今天街头发生血案,我们也要相信明天会更好。只有在经受考验时,你才会知道自己有多少弹性。在日常生活中,我们可以培养这种品质。

我一直认为自己拥有一种乐观的基因——我很肯定:无论发生什么事情,我不但可以挺过来,而且还可以在经历磨炼后变得更坚强,我的父母就是这样教育我的。

弹性的反面就是成为受害者。我们自己必须掌握自己的命运并承担相应的后果。弹性是指我们有能力在灾难面前看到希望,并且对自己说,"挫败只是人生的一个小插曲,我们将会从中吸取教训,然后继续前进"。

我的一个朋友丢掉了他在金融部门的工作,他告诉我:"你知道好消息是什么吗?我已经 39 岁了。从今天开始,我要赚比现在多 3 倍的钱,把它们全部花掉,然后再重新赚回来。"

去年夏天,我在太浩湖打高尔夫球。我的球童以前是一个俱乐部里的职业球员,但由于公司裁员,他现在不得不从事做球童谋生。对此,他表现得很冷静而且很坦然。他告诉我:"人生中的所有东西都只是暂时的。以前我是一个职业球员,现在我是一个球童。也许再过一段时间我又会重新成为一个职业球员了。"这是我在高尔夫球场上学到过的最好的一课。

弹性的关键是要知道成功是短暂的。 我们很容易被我们的事业所吞噬——认为事业就是一切,离开它我们就活不了了。失去工作也许会对我们造成一次创伤,但创伤一定是暂时的。好景不会长,但倒霉的日子也总有一天会过去的。

迎接生活的冲击

我们很少人会像降落在哈德逊河上的飞机上的乘客一样经历紧急迫降。飞行员刚说完"请保护好自己,作好防撞击的准备",飞机就降落在了水面上。当时,没人有时间想好迫降的每个细节——所有的事情都是一瞬间的决定。当飞机开始下坠后，飞行员的驾驶技巧和他们应急的决定就决定了乘客们能否安然生还。飞行员既不能在驾驶座上抱头痛哭，也不能双手合什地祈祷。他们必须立即行动起来。我对这起事件中的一个插曲印象尤为深刻：一个妇女带着自己6个月大的孩子，站在机翼上。她紧紧地抱着她的孩子，而救生艇就停在水面。救生艇上的一个救生员伸出手并让她把孩子扔给他。但她显然已经惊呆了，她不愿意把孩子交给他，她无法想象把自己亲爱的孩子扔向水中的情景。但她已经没时间犹豫了，她的一投给了自己的孩子生的可能。

虽然危机同样也是一种巨大的激励，但我们却不必非等到危机降临才开始行动。如果你的公司已经倒闭了，你就必须离开。但如果在危机来临前你就已经采取了行动，结果一定比没有准备来得好一千倍。尽管当我们处于顺境时作出改变是非常困难的，但听天由命却无疑是一种非常愚蠢的行为。

亡羊补牢的心态在我们的文化中非常普遍。例如，我们知道美国的基础设施已经年久失修。但我们还是非要等到桥塌了，才会记得要修缮。我认为，我们不应该非要等到桥塌了才开始行动，因为这种亡羊补牢的行为代价不菲。

在困难中屹立不倒

我对杰米·戴蒙说，他似乎是少数能在金融危机中毫发无损的人之一。他笑着对我说："我并非是毫发无损，我只能说，我是在被打得脸青鼻肿的时候还依然坚持反抗。"我很感激他这么诚实。那是一个很困难的时期，我很想知道杰米和摩根大通为什么能够在崩盘如此严重的时期强盛回归。与一般循规蹈矩的行政主管们相比，他可以算得上是一位先知。他总能言中大公司的危险，他说权利使得大公司变得自大。他犀利的见解正是他成功的关键。他就这样按着自己的方式，从花旗银行的第二巨头做到了摩根大通的现任掌门人。

成功人士成长背景往往是他们成功的基础。杰米的祖父是土耳其来的希腊移民。来到美国后，他祖父成为了一名出色的股票经纪人，随后他父亲也加入了这行。而杰米就是在这样的背景下开始学做生意的，当他还在上学的时候，他就开始在他父亲的公司里帮忙。他具备了所有纽约市皇后区长大的孩子的特征，他

们从一无所有,经过自己努力奋斗,最终变得自强自立。即便是在2007年和2008年的困难时期,他仍然没有停止努力。一路走来,他始终如一地坚持着自己的信念。

战胜危机可以使我们的内心坚强起来。如果你可以战胜一次打击,那么你一定可以战胜下一次。就如杰克·韦尔奇告诉我的一样:"年纪大了的一个好处就是很多事你以前已经经历过了。对于在1981年或1982年经营公司的人来说,那段时间并不太平:失业率达到了13%,通货膨胀率超过了两位数。我们眼睁睁看着就要输掉和日本人的贸易战,我们玩完了,日本人将要控制整个世界了。但是,事实证明,我们还是挺了过来。就像以前已经经历过的萧条一样,这次我们同样也会挺过来的。假如你没有经验的话,在当危机到来时一定要团结在那些有经验的人身边。"

杰克还说,弹性其实就是对自己的正确认识。他建议那些失去工作的人正确地评估一下自我:"问问自己,为什么我会失去这份工作? 我从这次失业中学到了什么? 我到底擅长什么? 我败在了什么地方? 我下次应该怎么做? "这些都是非常私人的问题,但如果我们这么做了,这就意味着我们已经开始了大规模的自我评估并且已经从这个改变中学到东西。不要什么都不做,只坐在家里吮手指。不要成为受害者,因为受害者永远也不会赢。

每战必胜

托瑞是一个很有弹性的人。他担任纽约洋基队的教练时,振兴了这支棒球队,并赢得了4届世界职业棒球联赛。现在,他担任洛杉矶道奇队的总教练,他同样把这支队伍训练得很具有竞争性,并连续两年赢得国家联盟西区冠军的称号。在2009年的世界大赛中,道奇队在只差三场比赛就可以去挑战洋基队的时候却输给了费城费城人队;虽然费城人队成功晋级,但在随后的6场比赛中却输给了洋基队。

洋基队夺得他们第27个世界冠军后的两个星期, 我有机会跟托瑞聊了一下。那时他正在纽约出席他的慈善资金"保护儿童免于家暴"7周年的庆典。

我三年前还见过一次托瑞,那时我很幸运被邀请去观看洋基队的第一次主

MARIA BARTIROMO

场比赛。当时我们谈的都是围绕着棒球展开的。我问他对即将再次蝉联世界冠军有何感想。

他说,"成功是一件很有趣的事情。我们都想成功,但只要你成功了一次,你就必须再次取得成功,因为你有这样的压力。洋基的这些家伙必须完成这个使命。事实上,有些事情如果你已经成功过一次,别人就会吹捧你,而你自己也会感到很自豪。但只有你再次成功地做一次才能证明你的成功不是侥幸。你知道,棒球比赛起伏不定,所以我们必须尽最大的努力巩固我们的成绩。况且现在的新闻媒体比起我在 1996 年开始执教的时候刁钻多了!"

托瑞一直在世界职棒联赛期间观看洋基队的比赛。他非常了解自己的队员,时刻在脑海中推演着各种可行的战术。于是,我问他:"你一定知道你队员脑子里想什么吧?"

他同意我的说法:"我很了解他们,我会常常想着安迪·派提特下一步会怎么做? 他会掷出精彩的一球吗? 我知道他是一个非常专注的人,我可以感受到他对胜利的执著。其实,成功跟体力完全无关,他的成功是因为有强烈的意志在驱使着他。我个人对这点非常欣赏。"

他的话很有道理。其实他的见解可以应用在商业、教育或任何一个领域里。你是怎样驱使自己去赢的呢? 我问托瑞,作为一个总教练,他如何鼓舞士气。

他说,"我现在有一支年轻的球队,我要努力用他们的语言让他们知道自己的重要性。"洋基队在历史上创造过不少辉煌,他相信洋基队有实力取得一次接一次的成功,因为"洋基队的队员不害怕成功"。对于洋基队 2009 年的胜利,他有趣地评论:"赢 1 次球根本不够,就是赢 4 次还是不够。我们的队员非常地渴望赢球,我们的球迷早就作好了我们一直赢球的准备。"我能感受托瑞字里行间透露出的自豪。同时,我也可以看到他正盘算着把这股求胜的精神带到道奇队,引领道奇队取得冠军的宝座。

托瑞本人也是一个越挫越勇的人。他与妻子在 2002 年成立了"保护儿童免于家暴"基金会,旨在减少家庭暴力对社会的危害。托瑞在布鲁克林区长大,5 岁的时候,他就常常因为害怕父亲而不敢回家,因为他父亲经常打他的母亲。他说:"在一个有家庭暴力的家庭长大让我的性格变得很内向。尽管我从来没有被打过,但直到现在,我心里一直都有家暴的阴影。我害怕对人提及此事是因为我以

为这样的事情只发生在我的家里。"

很多人都为他的勇敢拍手叫好，因为他把自己的隐私公之于众，为的就是警醒大家在面对家庭暴力发生时候一定要站起来反抗。他坦诚地说："有些事情人们不想提及它，所以他们很多时候都只会把这些秘密埋在心里。许多人在谈及家庭暴力的问题时，都会一语带过：'别哪壶不开提哪壶。'而且，大多数人都以为家庭暴力的受害者只有女性。我想由一个男人来讲这个问题，可以在社会上得到更多的关注。我希望我们的基金能引起更多的社会共识：只要我们能引起足够的共识，那么人们就一定会关注并解决这个问题。"

基金会还专门成立了"玛格丽特的房间"（这个项目以他母亲的名字来命名），为学校里的年轻人提供了可以寻求帮助，找到与自己经历相似的人的地方。"显然，他们不可能回到家对施暴者说：'喂，托瑞说你这样做是不对的。'但至少我们可以帮助他们明白这一切都不是他们的错，他们不必感到自责，基金会已经促成了许多成功的例子。有一个青年差点就成了街头小混混，但参加了三四次的'玛格丽特的房间'后，他就痛改前非并且考上了大学。在'玛格丽特'计划中，我们总是告诉孩子们知道他们很重要，因为缺少自尊在很大程度上会让受过虐待的孩子发展出虐待狂的倾向。"

生命就如一场体育运动，而托瑞教练的故事已经证明：我们可以从惨败中站起来变得更加坚强。他以身作则地来证明了这一点，并通过他的基金帮助无数的孩子找回正常的生活。成为冠军并不意味着能赢取每一场比赛，但你每次都需要有想赢的意志和不屈不挠的韧性。

从失败走向成功

最近，我和普林斯顿大学和麻省理工学院的数位教授和经济学家一同参加了由贝宝创始人皮特·泰尔主持的一次讨论。皮特现在既是一名私募股权的投资商也是脸谱网站的股东。他在会上提出了一个问题："你怎么能知道某些人或某些事会成功呢？"

大伙一致认同，预言一个人将来能否成功的最重要指标是看他怎样处理失败。尽管这听起来有点反直觉思考的意思，但我经常可以从许多成功人士那里听到相同的观点。高盛公司的首席执行官劳埃德·布兰克费恩也参与了小组的讨论,他对 2008 年的经济危机仿佛一点都没放在心上。当我问他为什么高盛能够独善其身时,他微笑着告诉我:"因为我们有危机感。不要浪费任何一次危机,密切留意它的最新动态,作出适时有效的应对策略。"这才是面对危机时应该采取的态度,与其自大地以为可以不受危机的影响,不如像高盛一样,脚踏实地地应对危机。

李·艾柯卡告诉我他职业生涯中的签名门事件几乎差点让克莱斯勒公司在 20 世纪 80 年代倒闭。但他从未像那段时期那样有活力和专注过,因为当时他要想方设法地拯救公司。为了挽救公司,他采取了许多激进的措施,也因此受到了不少批评。尽管他申请了短期的联邦政府贷款,但他却从未请求政府救市。他提前 3 年连本带利还清政府贷款的那一天就是他人生中最自豪的一天。

我问现年已 84 岁高龄的他看到自己曾经竭尽全力挽救的公司在 2009 年倒闭时有何感受。他说:"眼睁睁地看着公司倒闭对我来说真的很痛苦,因为我花了人生中最艰难、最美好、最有回报的 14 年在克莱斯勒。我拯救了并重建了这个公司。尽管克莱斯勒已经破产了,但我还是很乐观。我想,也许克莱斯勒的复兴之路会很曲折,但我相信它会重新振作起来的,它过去行,将来一定也行。复兴之后,它必将变得比以前还要强大。因此,危机是有益的,它可以激励人们为了成功而团结在一起。"

艾柯卡像以前一样精力充沛,他的乐观绝对不是伪装。他从前就拯救过克莱斯勒,完成了一次不可能完成的任务。而今天,他依然相信汽车工业势必会引来复苏。

凯思·爱尔兰以前是一名模特,现在她经营着一家年销售额超过 10 亿美元的女性时装品牌。她告诉我:"我从不断被拒中学到了成功。"她说自己已经习惯了被拒绝,所以不会因此而气馁。她知道怎么去克服消极的心理。她说:"创业前,我已经失败过很多次。我的模特背景使得很多人都不把我的意见认真地当成是一个首席执行官的意见,但我不会理会他们。我想跟打算创业的女性们说,不要理会那些反对的声音。"

耐心、远见、镇定和自信是成功必备的品质。每个东山再起的故事中,最重要的本领就是能看到危机是不会永远存在的。在纽约证券交易所的现场主持《收市钟

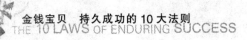
声》就让我领会了这样的道理。在高峰交易期,交易所里一片嘈杂,2008 年的 9 月和 10 月尤为如此。当时交易活动达到了疯狂的水平:各种交割单铺天盖地,交易员们跑来跑去,交易所里的显示屏上各类指数一泻千里。但下午 4 点闭市的钟声响起时,一切喧嚣都戛然而止,就好像有人拉了开关一样。整个大厅安静了下来,到了 4 点 30 分,整层楼就只剩下清洁工人在静静地打扫了。5 点整,光线变得更昏暗了,地板也干净了起来。一切几乎都静下来了。当我要走出大厦经过交易大厅时,我常常会对这精彩绝伦的动静转换感到叹为观止。混乱是暂时的:只要挺过一时的纷扰,前面就是长久的安宁。这个道理一直激励着我在波动面前处变不惊。

继续战斗

没有谁不佩服汉克·格林伯格,因为任何艰难险阻都阻挡不了他前进的去路。如果换了其他人,在经历了汉克近 5 年的遭遇后,一定会向命运俯首称臣。2005 年,时任纽约州检察总长的艾略特·斯皮策公开指控汉克存在商业欺诈的行为。紧随着这个指控,美国国际集团的董事会强迫汉克辞去董事长和首席执行官的职务,尽管这家公司是汉克一手建立起来的。虽然犯罪指控最终无疾而终,但影响已经造成了:公众对汉克留下了不好的印象。2008 年,汉克眼睁睁地看着美国国际集团宣告破产。而这一切都是因为他离开公司后,公司的决策不力所导致的。

对此,汉克应该说些什么呢? 他在 2009 年春天很坚定地告诉我,"这一切都没有结束。"他依然在斗志昂扬地寻找保险业的出路。政府的救市行为让美国国际集团的市值大幅度下跌,他现在就在想方设法解决这个复杂的问题。

他并没有把时间浪费在抱怨过去的不公上。他说:"当时我很痛苦,那个不实指控侮辱了我的人格;但另一方面,我也学会了把脸皮磨得厚一点。"

现在,汉克已经不再执著于还自己一个清白。认识他的人都知道他没有做过对不起别人的事。目前,他当务之急要做的就是纠正公司在他离职后犯下的一系列错误。他自己坚信——如果公司一直是由他经营的话,就不会有今天的失败。他说:"当时掌管公司的人不知道如何经营一个全球化的企业。因此,他们的错误决策扼杀了这家企业,公司本来是不应该走向衰败。我正在为成千上万的员工而奋斗,因为他们失去了毕生的存款和保险金,他们损失了几百万美元。我现在就是在为无辜受累的员工们打拼,我要尽量地挽回他们的损失。"

我很佩服他的精神。很多跟他一样职位的 84 岁的老人,只会拿了自己的钱后就在家安享晚年。但汉克却没有这么做,他满怀激情地告诉我:"**只要有希望,我就绝不放弃。等我把力所能及的事情都做完了,我就会休息了。我是一个斗士,生来如此,怎么变也变不了。**"

不要把精力浪费在无谓的愤怒上

当我一个朋友因为雷曼兄弟倒闭而失去工作时,我打电话安慰她说:"我听说你失业了,我很替你难过。我只想让你知道我很关心你,希望你一切都好。"

她回答说,"玛丽亚,我在汉普顿球场的酒吧里一边喝酒一边痛哭。但是我还是会挺过来的。"

她既没愤怒,也没抱怨她的不幸,这让我很欣慰。相比之下,当时社会上弥漫着各种愤怒的情绪。人人都是一副受够了的样子,对社会、对政府感到非常的不满。但是愤怒的力量远远不能让我们的经济复苏过来,更不能帮助那些遭受损失的人们重新振作。发泄一番之后,可能会让人感觉好一点。或者因为愤慨,我们会做出许多平时不会做的事情。但是生气解决不了任何问题,它只能暂时地分散一下我们的注意力。

银行业的贪婪无耻让公众狂怒不止:一些捅了大娄子的高管不但不为自己的行为负责,而且还厚颜无耻地拿着高额的分红。在这件事情上,公众的愤怒是合情合理的。政客们感到了公众的热血沸腾,于是在国会通过了限制红利的法案。但是我们很清楚愤慨最终只会让政客们绑架国会的议程,而这样做对于国家的发展有百害而无一利。怒火烧到了国会后,议员们就会跟着意气用事,而非理智地从国家利益出发来制定法案。生气、发怒是很简单,难的是如何振兴国家的经济。

采访纽约总检察官安德鲁·科莫时,我问他:"你担心政治家和媒体把阶级斗争煽动起来吗?公众对于高管分红的愤怒以及'商业是邪恶的'的论调似乎掩盖了其他更重要的问题,比如,我们要如何整顿金融体系,如何让信贷重新运作的问题。"

他说:"你说得很对。人们对华尔街贪婪的愤怒是可以理解的,我们必须解决这些问题。但同时我们也不能让愤怒扰乱了我们的理智,分散了我们的注意力。我认为华尔街应当重新审视他们的激励机制。当然分红并不是坏事,但是正确的激励机制应当能为经济长期的增长作出贡献,而不是只注重短期效益。"

复苏的第一步是重建信用。安德鲁指出:"人们没有看到鲨鱼被杀死前是不会回到水中的。"他明白公众愤怒的心理。我也同意他的观点,我们必须恢复信任。愤恨情绪对于重建信用并没有多少帮助。全社会都要集思广益、花时间来重新建立起一个新的信用机制。科林·卢瑟·鲍威尔成功的关键就是他稳健的行事作风。他说过一句名言:"脾气发发就好,发完以后就要尽快冷静下来。"

在我们的日常生活中,也常常会因为怒气、厌恶、恐惧而失去理智。这是人的本性。尽管这些消极的情绪可以偶尔带来发泄的快感,但是成功的关键就在于远离不良情绪。拉赛尔·西蒙斯是一个安静而深沉的人,他把嘻哈音乐带到了主流艺术界。他告诉我,他的嘻哈音乐能够在社会上发出一种不同的声音,从而影响人们对待生活的态度。他将嘻哈音乐视为一种诗歌的形式,他说:"真正地懂得嘻哈音乐的人能从音乐中得到慰藉,从而能够远离恐惧和愤怒。"

东山再起

20 年前我第一次遇到迈克·米尔肯。我丈夫通过迈克父亲也认识了迈克。一次,迈克邀请我们夫妇俩到他位于太浩湖的家中做客。当晚,米尔肯家庭基金会举办了一次前列腺癌医生的聚会。迈克把这些雄心勃勃的医疗专家们聚集在了一起,为癌症研究共同合作。当晚的聚会非常热闹。

之后,我和迈克就熟了起来。我后来还参加了好几场米尔肯家庭基金会举办的国际会议。迈克的智囊团关注的焦点从原来的经济增长转移到了健康和教育问题上。迈克在医疗卫生方面的慈善义举着实令人刮目相看。

63 岁的迈克·米尔肯通过持之以恒的善举重新赢得了社会的尊重——他传奇的一生就是一个浪子回头的故事。

1990 年,迈克因证券敲诈而被判处 10 年监禁和两百亿的美元罚款。宣判期间,他泪流满面地向那些被害人道歉。但无论言语上的道歉多么真诚都不足以洗清他的罪孽。只有实际行动才能让他赎罪。当时,他似乎已经没有翻身的可能。但在很短的时间里,他却对癌症研究作出了世所罕见的贡献。

迈克·米尔肯在服了 22 个月的刑就出狱了。假释出狱的当月,他就被诊断出患有晚期前列腺癌,而癌细胞已经扩散到了淋巴腺。生死关头,他决定东山再起。他的基金会为医药研究捐赠了大量的金钱,另外他本人也为医疗事业付出了巨大的精力。《财富》杂志曾称他为"改变了医学的人"。

许多有影响力的人物纷纷指出,迈克应该得到总统的特赦,但目前迈克还没有得到特赦。(尽管很多人都帮迈克去游说过总统,但比尔·克林顿和乔治·布什两位总统都拒绝颁发特赦令。)特赦迈克并不是说我们应该忘记他的过错,而是说他已经翻开了人生中新的一页。迈克的人生道路并不平坦,但他还在继续努力地向前走着。

思科系统的董事长兼首席执行官约翰·钱伯斯也有一个跟迈克·米尔肯类似的故事。他们都在成功的巅峰上遭遇了滑铁卢,然后又通过不懈的努力完成了伟大的复兴。

在互联网经济的繁荣时期,约翰是公认的 IT 界巨星。思科的股价当时飞速攀升到了 80 美元一股,约翰受到了股民们的追捧。然而,当泡沫爆裂时,思科的股票一路下挫到 14 美元一股。约翰的事业就像股价一样跌到了低谷,他的人生安全甚至都受到了威胁,所以他当时不得不雇佣保镖。

谈起往事时,约翰说:"对于我来说,在网络萧条期间最糟糕的事情就是人们不断地质疑我的人品。"虽然时隔多年,我仍然可以清晰地看到那段伤痛在他身上所造成的影响。为了重振公司并捍卫自己的人格,他引领着公司开始了漫长的复兴之路。今天,约翰的公司发展如日中天,他也赢回了往日的好名声,成为了公认的正直、坚强和有全球视野的领袖人物。

像米尔肯和钱伯斯都是通过辛苦耕耘和孜孜不倦的工作才能重塑辉煌,将逆境变成顺境。他们不但没有被曾经的失败击垮,而且还接着失败的机会,把一切都推倒重来,最终为自己的人生创造出了美丽的风景。

书写自己的墓志铭

我的一位导师曾经说过:"你必须想想自己的墓碑将会刻上怎样的评判。"那

MARIA BARTIROMO

时候我还很年轻，墓碑云云的说法对我来说似乎还很遥远。但我很喜欢这个概念。你想被别人以什么样的方式记住呢？你会为这个世界留下些什么呢？我想到了比尔·盖茨。我想，比起他所带来的计算机技术革命来说，人们更加能记住他作为一个捐献过 1 000 亿美元给医疗事业的慈善家。也许盖茨自己也没有想到，但他的人生已和他在年轻时制订的计划完全不同。

　　当目睹了无数成功人士在事业巅峰突然坠入低谷之后，我们也开始清醒地思考起来：我们能为这个世界留下什么呢？世人会记住我们的辉煌还是我们的挣扎？在他们看来，我们会是成功还是失败呢？

　　想到这些的时候，我们就能冷静下来。谁都控制不了别人如何评价自己。也没有谁能够保证事事万无一失。然而，我们却可以按照自己喜欢的方式开开心心地过好每一天。在我看来，这就是真正的成功。

后 记

　　关于成功，我学到的最重要的一课就是：独行侠式的任务永远都不会取得成功。我没有听说谁可以不依靠同事、朋友和家庭的支持而取得成功。

　　对我而言，写这本书的过程就是"万众一心，其利断金"的最好说明。在此，我要感谢许多给过我帮助的人，包括：消费者新闻与商业频道的全体同仁；本书的另外一位作者凯萨琳·怀特尼；为本书的出版作出重要贡献的韦恩·卡巴克，皇冠出版集团的领导约翰·马汉尼、鲍勃·戴伦施耐德、琼·阿瓦利亚诺、克里斯蒂娜·赛克卡和肯·桑夏、杰西·德瑞斯、安妮·芬恩和他们的团队。

　　感谢我在纽约证券交易所认识的每一个人，让我 15 年来一直能占据最好的报道位置作电视直播。我还要特别感谢迪克·格拉索、阿达姆尼斯、邓肯·尼德奥尔以及我在交易所的每一位朋友。

　　感谢在事业上支持、鼓励过我的人：我的领导和好朋友杰克·韦尔奇；教育并鼓励过我的杰夫·伊梅尔特；用他的远见深深地影响过我的鲍勃·赖特；鼓励我做自己喜欢做的事情的杰夫·朱克和马克·霍夫曼。我还要感谢马克对消费者新闻与商业频道的英明领导！感谢杰里米·平科、汤姆·克伦德尼、布赖恩·史迪、苏珊·克拉科和 cnbc.com 网站的每一位同仁。感谢消费者新闻与商业频道的欧洲部、亚洲部、中东部和非洲部。感谢纽约证券交易所的媒体团队和投资媒体；感谢王汉庭（音）、亚历克·里彭、乔尔·弗兰克林和凯蒂·克莱默，你们的付出让我受益匪浅。

MARIA BARTIROMO

感谢为这本书的出版奉献了大量时间和精力的蒋露露(音);感谢德博拉·尼可朋、迈克尔·哈伍德、玛吉·马丁、罗萨里奥·达席尔瓦。特别感谢西罗·斯科蒂的合作。

我衷心地感激每一位接受过我采访的成功人士，感谢他们分享自己成功的诀窍。我还要感谢我的家人，你们是我成功的基础。感谢我的大家庭，我的表亲、姨亲、大家庭的每一分子。最后，我还要感谢我的丈夫乔纳森·施泰贝格:谢谢你给我的一切。